四川草原鼠虫害综合防控技术与应用

周　俗　苟文龙◎主编

四川科学技术出版社

·成都·

图书在版编目(CIP)数据

四川草原鼠虫害综合防控技术与应用 / 周俗, 苟
文龙主编. -- 成都 : 四川科学技术出版社, 2021.4
　　ISBN 978-7-5727-0108-5

　　Ⅰ.①四… Ⅱ.①周… ②苟… Ⅲ.①草原–鼠害–
防治–四川②草原–病虫害防治–四川 Ⅳ.①S812.6

　　中国版本图书馆 CIP 数据核字(2021)第 068768 号

四川草原鼠虫害综合防控技术与应用

主　　编　周　俗　苟文龙

出 品 人　程佳月
责任编辑　刘涌泉
责任校对　王国芬
封面设计　景秀文化
责任出版　欧晓春
出版发行　四川科学技术出版社
　　　　　　成都市槐树街 2 号　邮政编码 610031
　　　　　　官方微博:http://e.weibo.com/sckjcbs
　　　　　　官方微信公众号:sckjcbs
　　　　　　传真:028-87734039
成品尺寸　185mm×260mm
　　　　　　印张 12.75　字数 260 千　插页 1
印　　刷　四川科德彩色数码科技有限公司
版　　次　2021 年 4 月第一版
印　　次　2021 年 4 月第一次印刷
定　　价　62.00 元
ISBN 978-7-5727-0108-5

编 委 会

前　言

　　鼠害和虫害是四川草原的主要生物灾害。鼠害和虫害的发生与草原退化互为因果，长期以来，不合理的利用使草原逐渐退化，为鼠害、虫害的进一步发生提供了有利条件，而鼠虫害的频繁暴发，又加剧了草原的逆向演变和更严重的退化，形成了大面积的鼠荒地（黑土滩）和沙化草地。四川省草原鼠虫害种类多，分布面积广，受气候变暖、草原退化、天敌减少和防治面积有限等因素影响，鼠虫灾害频繁发生，不仅对草原资源造成了严重破坏，而且加剧了草原生态环境的恶化程度，严重影响了草原的生态安全、草牧业的健康持续发展和农牧民的增收致富。

　　四川地处长江、黄河的上游和源头，是草原资源大省，面临着加大鼠虫害防控力度，加强草原管理和草原生态保护修复的十分重要而紧迫的任务。多年来，四川省对草原鼠虫害持续治理，在一定程度上遏制了灾害的暴发和进一步加重的势头。按照绿色植保的要求，高毒、高残留化学药物被禁止使用，大面积推广生物防治技术，提出了安全、经济、有效的生态治理理念，通过改变鼠虫等有害生物的适生环境，来达到长期有效控制草原鼠虫害的目的。

　　自2000年以来，在农业部的高度重视下，四川省草原鼠虫害监测与防治工作在甘孜藏族自治州（以下简称甘孜州）、阿坝藏族羌族自治州（以下简称阿坝州）、凉山彝族自治州（以下简称凉山州）等地得到了有效开展，形成了省、州、县和乡村四级测报网络体系，设立了1个省级、3个州级和8个县级鼠虫害测报站，全省农牧民测报员达725人。2010年以来，按照"统筹规划，突出重点，集中连片，综合治理，注重效益"的原则，大力发展生物农药、招鹰控鼠和弓箭灭鼠、牧鸡灭蝗等生物防治技术，草原鼠害生物防治比例达80%以上，草原虫害生物防治比例达61%以上。

　　为了使草原基层管理者和技术人员了解、掌握草原鼠虫害监测预警和防控的基本知识和实用技术，满足各级草原工作者和科研人员在鼠虫害防控方面的技术需求，在系统总结四川各地草原鼠虫害监测预警和防控工作的基础上，借鉴国内外草原鼠虫害防治工作成熟的经验与成果，结合近年来草原科研的最新成果和培训基层草原工作者、农牧民的实践经验，由四川省草原科学研究院牵头，组织四川省草业技术研究与推广中心（原四川省草原工作总站）、四川农业大学、三州及有关县草原技术推广部门等单位专家和技术骨干编写了《四川草原鼠虫害综合防控技术与应用》一书。

　　本书是草原鼠虫害监测预警与防治关键技术的精华，是多年来各级从事相关工作科技人员的劳动成果与智慧结晶，也是四川省草原植保工作发展历程的见证。全书共分为四章：第一章介绍了四川草原资源及草原鼠虫害的基本情况，分析了草原鼠虫害防控工作发展趋势，阐述了草原鼠虫害调查与区划的内容、方法和技术；第二章介绍了草原鼠虫害监测预警技术，阐述了主要鼠虫害预测预报的技术流程、调查技术、数据分析及预测方法等；第三章介绍了草原鼠害综合防控技术，阐述了常见鼠种防控技术、技术特点、技术流程及技术内容等；第四章介绍了草原虫害综合防控技术，阐述了常见害虫防控技术、技术特点、技术流程及技术内容等。为了让科技工作者进一步掌握草原鼠虫害的防控技术，编者又以附件的形式编制了 4 种主要草原害鼠害虫的防治历。

　　本书内容丰富、框架完善，理论与实践并重，文字通俗易懂，并提供技术应用案例，既体现了学科的前沿性，又有非常实在的可操作性，实为一部草原保护类工具书，可供教学、科研、技术推广单位的草原科技工作者和农牧民使用。由于作者水平有限，内容和取材若有不当之处，恳请读者给予批评指正。

编　者

2021 年 1 月

目 录

第一章　概　况

第一节　四川草原资源

四川是草原资源大省，有草原面积 2 086.67 万 hm²，占全省总面积的 43.0%，居全国第五位。其中，川西北牧区是天然草原的主要分布区，有 1 640 万 hm² 集中连片分布在甘孜、阿坝、凉山三个自治州。这里是青藏高原东南缘和横断山区的腹心地带，是全国第二大藏族聚居区、最大彝族聚居区、唯一羌族聚居区，是长江、黄河上游最重要的水源涵养区，也是金沙江、大渡河、雅砻江、岷江的发源地，具有涵养水源、调节气候、保持水土、防风固沙、美化环境和维系生物多样性等生态功能，是我国重要的生态屏障区。全省可利用天然草原面积 1 766.7 万 hm²，占草原总面积的 84.7%，2019 年监测草原综合植被盖度 85.8%。

一、天然草原的类型与分布

1. 草原类型

四川草原类型多样，共有 11 类 35 组 126 个型，海拔 270 ~ 5 500 m 均有分布。草原面积最大的前三类依次是高寒草甸草地类、高寒灌丛草地类、山地灌木草丛草地类，分别占全省草原总面积的 49.0%、15.0%、9.0%。天然草原牧草构成以禾本科、豆科、莎草科和杂类草为主，其中，禾本科植物有 107 属 355 种，豆科植物有 64 属 213 种。

表 1 - 1　四川省草地类型和可利用面积

编号	草地类型	可利用面积/万 hm²
一	高寒草甸草地类	880.3
二	高寒沼泽草地类	92.7
三	高寒灌丛草地类	250.8
四	亚高山疏林草甸草地	25.6
五	山地草甸草地类	20.6
六	山地疏林草丛草地类	121.2
七	山地灌木草丛草地类	162.0
八	山地草丛草地类	48.8
九	干旱河谷灌木草丛草地类	25.4
十	干旱稀疏草丛草地类	5.3
十一	农隙地草地类	137.7

注：本数据为 20 世纪 80 年代草地资源调查数据。

2. 草原分布

四川省草原分布地区地形地貌复杂，水热条件分布不均，植被类型多样。四川西部为青藏高原的东延部分，平均海拔 4 000 m 左右。其西北部相对高差 50～100 m，地势开阔平坦，气候严寒，日照强烈，80.0% 的降水集中在 5～8 月，草原以高寒草甸、高寒灌丛草地为主。其东南部为横断山地区，高山峡谷纵横，高低悬殊，小气候效应显著，垂直变化明显，温差大，干湿季分明，草原以山地草甸草地、山地灌草丛草地为主。其西南为山地地区，海拔 1 000～3 500 m，地貌与云贵高原相似，部分地区为亚热带气候，暖季长，热量多，区内草原资源垂直分布现象明显，自高而低分别有亚高山草甸、山地草甸、山地灌草丛、干旱河谷灌丛草地。四川盆地内地貌以平原、丘陵为主，气候温和，土壤肥沃，土地垦殖利用高，主要分布有农隙地草地和零星的灌草丛草地。

二、天然草原的饲用植物资源

据不完全统计，四川省有高等植物 294 科，1 721 属，10 000 余种，仅次于"植物王国"云南省，居全国第二位。

1. 禾本科牧草

禾本科植物在四川省不仅种类多，而且分布广，是构成全省多数天然草地的主要植物类群，共 107 属 355 种。其中，较为常见的有早熟禾属、鹅冠草属、剪股颖属、羊茅属、拂子茅属、野古草属、针茅属、披碱草属、狗尾草属、雀麦属等。

2. 豆科饲用植物

四川省有豆科植物 64 属 213 种，其中，较为常见又具有一定饲用价值的豆科植物主要有苜蓿属、岩黄芪属、野豌豆属、黄芪属、木兰属、草木樨属、鸡眼草属、山蚂蝗属、胡枝子属等。

3. 莎草科牧草

莎草科牧草植物在高原地区的地位和作用很重要。在甘孜、阿坝两州的草地类型中，以莎草科植物为建群种或主要优势种的类型，分别占两个州可利用草地面积的 68.0% 和 71.0%，产草量占总产量的 70.0% 左右。主要有嵩草属、苔草属的植物，少量还有莎草属及飘拂草属。

川西高原和高山地带莎草科植物的饲用价值很高，主要为牦牛所食。重要的莎草科牧草有：四川嵩草、高山嵩草、藏嵩草、甘肃嵩草、线叶嵩草、青藏苔草、沙生苔草、甘肃苔草等。

4. 杂类草

四川杂类草种类繁多，分布广，在某些草地植物群落产量中的比例较大。主要有菊科的香青、火绒草、紫苑、风毛菊、蒲公英，蓼科的蓼属，百合科的葱属，蔷薇科的委陵菜属等。

川西高原和高山地带杂类草很多，主要有：珠芽蓼、圆穗蓼、高山紫苑、美丽风毛菊、球花风毛菊、羽裂风毛菊、多种嵩、蒲公英、鹅绒委陵菜、钉柱委陵菜等。

三、草原生产力

2018 年全省草原资源与生态监测显示，全省天然草原鲜草产量 884.9 亿 kg，人工种草鲜草产量 399.7 亿 kg，秸秆等其他饲草料折合干草 377.5 亿 kg。

2019 年全省草原资源与生态监测显示，全省天然草原鲜草产量 889.2 亿 kg，人工种草鲜草产量 401.2 亿 kg，秸秆等其他饲草料折合干草 377.1 亿 kg。全省退化草原总面积 984.8 万 hm²，占全省草原面积的 47.2%。

1. 天然草原

四川省天然草原面积 2 040 万 hm²，其中，可利用天然草原面积 1 766.7 万 hm²，占天然草原面积的 86.6%。按照 20 世纪 80 年代草地等级评价标准，根据天然草原单位面积地上部分产草量确定草原分级，全省草原等级可划分为 8 级。一级草地亩①产 800.0 kg 以上，二级草地亩产 800.0 ~ 600.0 kg，三级草地亩产 600.0 ~ 400.0 kg，四

---

① 1 亩 ≈ 666.67 m²。

级草地亩产 400.0 ~ 300.0 kg，五级草地亩产 300 ~ 200 kg，六级草地亩产 200.0 ~ 100.0 kg，七级草地亩产 100.0 ~ 50.0 kg，八级草地亩产 50.0 kg 以下。

2018 年，全省可利用天然草原鲜草亩产平均 333.2 kg。全省一级和二级草原占全省草原面积的 4.1%，三级和四级草原占 52.1%（其中，四级草原面积最大，占全省草原面积的 26.1%），五级和六级草原占 41.5%，七级和八级草原占 2.2%。

2019 年，全省可利用天然草原鲜草亩产平均 334.8 kg。全省 11 类草地中，高寒草甸草地、高寒灌丛草地、山地灌木草丛草地、山地疏林草丛草地等 4 大类草原可利用面积占全省草原面积的 80.0% 以上，鲜草产量共 686.4 亿 kg，占全省总产量的 77.2%。全省一级和二级草原占全省草原面积的 3.0%，三级和四级草原占 60.3%，五级和六级草原占 35.2%，七级和八级草原占 1.5%。

2. 人工及改良、飞播种草

2017 年，全省人工及改良、飞播种草面积累计 232.67 万 hm²。其中，人工种草保留面积 90.67 万 hm²，改良草地面积 134.47 万 hm²，飞播种草保留面积 7.53 万 hm²。甘孜、阿坝、凉山三州人工种草保留面积 51.33 万 hm²，其中，甘孜州 13.37 万 hm²，阿坝州 16 万 hm²，凉山州 21.97 万 hm²。全省人工种草鲜草产量共计 413.2 亿 kg，折合干草 137.7 亿 kg。2019 年，全省年末种草保留面积累计 168.81 万 hm²，其中，人工种草保留面积 85.61 万 hm²，当年新增人工种草面积 37.07 万 hm²，改良草地面积 83.21 万 hm²。

3. 秸秆等其他饲草料利用

2018 年，全省秸秆等其他饲草料利用总量 377.5 亿 kg。甘孜、阿坝、凉山三州秸秆等其他饲草料合理载畜量 584.8 万羊单位，占全省秸秆等其他饲草料合理载畜量的 14.5%；其余市秸秆等其他饲草料合理载畜量 3 451.1 万羊单位，占全省秸秆等其他饲草料合理载畜量的 85.5%。

4. 草原利用率及载畜量

2018 年，三州草原实际载畜量共 3 597.7 万羊单位，合理载畜量为 3 297.6 万羊单位。全省牧区平均超载率为 9.1%，较上年下降 0.13%。其中，甘孜州实际载畜量 1 137 万羊单位，合理载畜量 1 069.3 万羊单位，平均超载率为 6.3%；阿坝州实际载畜量 949.2 万羊单位，合理载畜量 830.1 万羊单位，平均超载率为 14.3%；凉山州实际载畜量 1 511.5 万羊单位，合理载畜量 1 398.2 万羊单位，平均超载率为 8.1%。

第二节　草原鼠害

一、全国草原鼠害概况

我国是草原资源大国，拥有各类天然草原面积近 4 亿 hm²，约占国土面积的 41.7%，其中，可利用草原面积3.31 亿 hm²，占草原总面积的84.0%。草原是草地畜牧业发展的重要物质基础，是我国面积最大的陆地生态系统，在政治、经济、社会、生态建设及维持边疆稳定等方面具有举足轻重的作用。20 世纪 80 年代后，草原不合理利用，特别是受全球气候变化的影响，导致草原生态持续恶化，草原逐渐退化。草原退化，引发草原鼠、虫、病、毒害草猖獗危害，导致牧草减产、生态恶化及生物多样性降低等问题日益突出。近年来，我国草原生物灾害呈现多发、常发态势，加之一些地区尚未改变粗放式的畜牧业经营方式，造成有害生物发生此起彼伏。以鼠、虫、病、毒害草为主的草原有害生物防控难度逐渐增加，若不采取有效措施，危害将持续加重。

草原鼠害在草原生物灾害中占比最大，危害也最为严重。近年来，草原鼠害危害面积占草原有害生物危害面积的 58.8%。2018 年全国草原监测报告显示，全国草原鼠害危害面积（草原上单位面积内啮齿类动物密度、新土丘数量或有效洞口数量超过其防治标准时认定为鼠害危害面积）约占全国草原总面积的 7.1%，其中，西藏、内蒙古、新疆、甘肃、青海、四川等 6 省（自治区）危害面积占全国草原鼠害面积的 92.9%。危害严重的主要种类有 10 种，分别是高原鼠兔、草原鼢鼠、大沙鼠、东北鼢鼠、布氏田鼠、黄兔尾鼠、鼹形田鼠、高原鼢鼠、长爪沙鼠等。

2010 年以来，我国草原鼠害呈现新的特点，发生面积由连片集中大发生，向片状分散发生转变，危害程度也由高密度重度发生，向中、低密度和中、轻度发生转变。这种转变为草原鼠害实施绿色防控提供了前提。目前，我国草原鼠害防治主要采用物理防治、天敌防控和生态调控等绿色防控技术。主要包括利用地箭、弓形箭、捕鼠夹和捕鼠笼等捕鼠器械捕杀害鼠、招鹰控鼠和野化狐狸控鼠，以及禁牧休牧、围栏封育、人工种草、补播改良、施肥除莠等综合措施。当害鼠种群密度高或者急剧暴发时，需要采用生物药剂防治，在短期内降低害鼠种群密度。

二、四川草原鼠害概况

四川草原害鼠种类主要有高原鼠兔、高原鼢鼠、高山姬鼠、苟岚绒鼠、玉龙绒鼠、青海田鼠、喜马拉雅旱獭等，其中，高原鼠兔、藏鼠兔、高原鼢鼠分布面积较大，对草原的破坏较为严重。近十年（2010～2019年），草原鼠害平均发生面积289.5万hm²，严重危害面积175.1万hm²（如图1-1）。

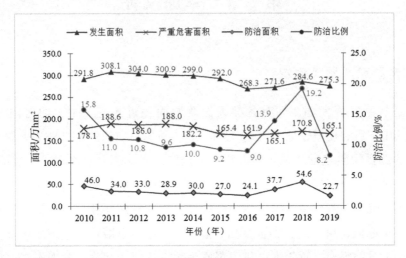

图1-1　2010～2019年草原鼠害发生及防治

1. 宜生区概况

高原鼠兔的宜生区主要分布在石渠、色达、德格、甘孜、白玉、理塘、阿坝、若尔盖、红原、壤塘、松潘和木里等县（如图1-2），面积约566.7万hm²。

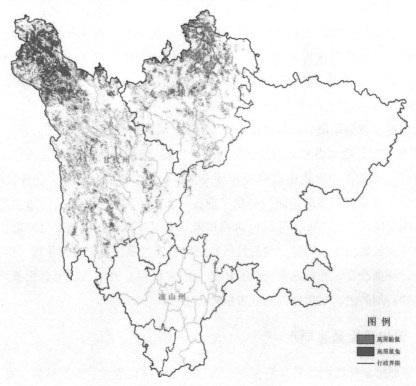

图1-2　草原害鼠宜生区示意图

高原鼢鼠的宜生区主要分布在石渠、德格、色达、炉霍、甘孜、道孚、白玉、理塘、若尔盖、红原、阿坝、壤塘、松潘、金川和木里等县（如图1-2），面积约280.0万 hm²。

2. 高原鼠兔、藏鼠兔

鼠兔类主要有高原鼠兔、藏鼠兔、间颅鼠兔、狭颅鼠兔等，在植被盖度低、植株矮小、杂类草滋生的退化草原危害较重。石渠、色达、炉霍、若尔盖、阿坝、红原、木里等县越冬前调查显示，危害区平均有效洞口密度278 个/hm²，严重危害区平均有效洞口密度832 个/ hm²，最高达1 350 个/ hm²，平均雌雄性比1：0.78。高原鼠兔预警区示意图如图1-3。

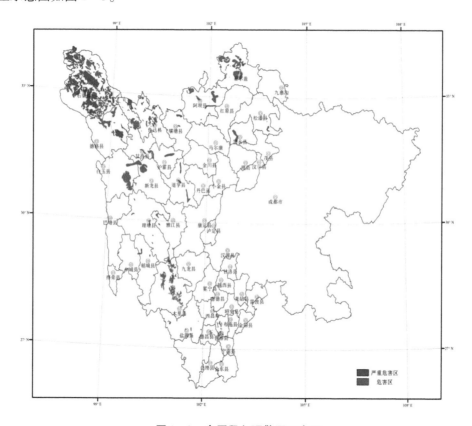

图1-3 高原鼠兔预警区示意图

3. 高原鼢鼠

高原鼢鼠主要危害区石渠、色达、若尔盖、红原等县固定点调查显示，危害区土丘密度平均230 个/ hm²，严重危害区土丘密度平均1 300 个/ hm²，最高的达2 800 个/ hm²，平均雌雄性比1：0.72。

高原鼢鼠危害分布较广，主要在石渠、色达、德格、甘孜、白玉、炉霍、若尔盖、红原、阿坝、壤塘、松潘、金川和木里等县。近年未治理区域危害程度明显加重，危害期在5~9 月。高原鼢鼠预警区示意图如图1-4。

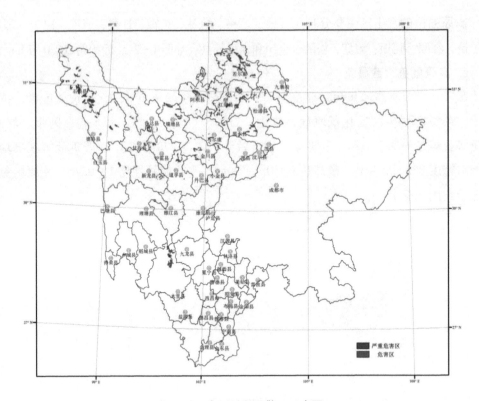

图 1-4　高原鼢鼠预警区示意图

4. 其他害鼠

青海田鼠、根田鼠、高山姬鼠、苛岚绒鼠、喜马拉雅旱獭等鼠类在四川省局部区域造成危害，主要分布在石渠、色达、白玉、德格、理塘、炉霍、雅江、若尔盖、会东、美姑、盐源、布拖、甘洛、木里等县。越冬前调查显示，危害区田鼠平均有效洞口 380 个/ hm^2，严重危害区平均有效洞口 1 015 个/ hm^2。喜马拉雅旱獭在川西北草原各县均有分布，对草原造成不同程度的危害。

三、草原鼠害防治进展

草原鼠害主要发生在青海、内蒙古、西藏、四川、新疆、甘肃 6 省（区），高原鼠兔、大沙鼠、高原鼢鼠、长爪沙鼠、黄鼠、东北鼢鼠、鼹形田鼠、黄兔尾鼠、布氏田鼠是草原主要危害鼠种，占鼠害危害面积的 84.9%。其中，高原鼠兔危害面积最大，占全国草原鼠害面积的 44.2%。

无论是外国还是中国，从化学药物投放、生物防治到生态防治，在草原鼠害防控方面一直进行着探索。生产上投放化学农药饵料，在短期内会有明显的效果，但在翌年会有极大的反弹，且会造成化学农药对环境的污染和二次中毒现象。生物防治是通过采用一种生物对付另外一种生物、有效降低有害生物种群密度的一种方法。如微生物灭鼠是利用某种微生物给鼠接种使其产生某种疾病，在鼠类种群中传染引起鼠类大量死亡，从而达到灭鼠的目的。天敌控制是有意识地利用狐、鹰、鼠鼬、蛇等害鼠天敌捕捉和威慑作用来控制鼠害，如设立鹰墩和鹰架为鹰类提供落脚点，为其避敌及就近觅食提供有利条件，从而达到防治鼠害的目的。生态防治是通过破坏鼠类的栖居环境和食物条件，达到减少和控制鼠害目的的措施，如采用补播、浅耕翻、灌溉、施肥、划区放牧、围栏封育、调整载畜量等农业措施改良草地，防止草地退化，使之不利于鼠类栖息。这些措施通过间接改变鼠类生存环境，使其繁殖率减小，死亡率增加，从而降低鼠类密度，甚至从长远角度能根除鼠害。

近年来常采用对鼠类的不孕不育控制策略，通过降低种群的生育率，来达到降低种群数量的目的。不育控制的概念最早由 Knipling 提出，20 世纪 80 年代中后期以来，不育剂的研究活跃起来，并有 2 种不育剂已商品化，在美国、加拿大、印度等国家已广泛用于野鼠的控制。20 世纪 90 年代初，免疫不育技术渗透到鼠类不育控制领域，目前已形成几种鼠类的不育疫苗。但是，鼠类不育剂控制技术受到许多因素限制，在国际上发展了已有 30 多年，至今仍未有一种制剂被广泛认可并运用到野外害鼠的防治工作中。2000 年以来，我国开始探索将免疫技术应用于抗生育方面，证实口服疫苗后能诱发生殖道黏膜免疫反应、发挥抗生育作用并对卵巢结构无影响，这或将成为今后抗生育制剂的发展方向。

第三节　草原虫害

一、全国草原虫害概况

我国天然草原害虫主要有草原蝗虫、草原毛虫，以及其他害虫类的叶甲、草地螟、春尺蠖、白刺夜蛾等，近年年均危害面积达 2 100 万 hm^2。草原蝗虫是我国草原上的主要生物灾害之一，在我国草原区分布的蝗虫有 200 多种，其中 20 多种危害比较严重。各区域蝗虫种类与分布差异较大，如内蒙古典型草原优势种主要有亚洲小车蝗、白边痂蝗、毛足棒角蝗等，新疆天山、阿勒泰山地优势种主要为意大利蝗、西伯利亚蝗、黑条小车蝗等，我国新疆与哈萨克斯坦边境地区还有亚洲飞蝗。青藏高原区的狮泉河、象泉河和金沙江 3 条流域是西藏飞蝗的主要分布区。草原毛虫属于鳞翅目毒蛾科，我国共有 8 个种，全部分布在青藏高原，是青藏高原的特有昆虫。其中，青海草原毛虫和门源草原毛虫的分布范围最广，前者在青海、西藏、甘肃和四川等地海拔 3 000 ~ 5 000 m 均有分布，后者分布在海拔 3 000 m 左右的青藏高原东北部的青海省和甘肃省；

其他草原毛虫均为局部分布。草原毛虫的幼虫以消耗牧草、影响家畜正常牧食、引发家畜中毒等方式危害草地畜牧业。叶甲、草地螟、春尺蠖、白刺夜蛾等其他害虫危害面积较草原蝗虫和草原毛虫少，叶甲主要分布在我国北方草原，从东部的呼伦贝尔草原到新疆的阿勒泰草原均有分布，且危害期不一。草地螟主要危害我国北方地区，在新疆南疆昆仑山地区也有分布，但世代存在较大差异。

以草地螟为例，中华人民共和国成立后草地螟出现过4次大暴发。2018年全国草原监测报告显示，全国草原虫害危害总面积（草原上单位面积内各类害虫密度或单位枝条上害虫密度超过其防治标准时即可认定为草原虫害危害面积）约占全国草原总面积的3.2%，其中，西藏、内蒙古、新疆、甘肃、青海、四川等6省（区）危害面积占全国草原虫害危害面积的85.5%。全国草原虫害严重危害面积在833万hm²以上，危害严重的主要种类是草原蝗虫、叶甲类、夜蛾类、草原毛虫和草地螟等类群。

二、四川草原虫害概况

四川省草原害虫种类主要有西藏飞蝗、土蝗、草原毛虫、黏虫、金龟子等，其发生情况及宜生区见图1-5、图1-6。2010~2019年，年平均发生面积82.1万hm²，严重危害面积26.0万hm²。据统计（见表1-2），2019年全省草原虫害危害面积80.8万hm²，严重危害面积25.2万hm²。其中，甘孜州草原虫害发生面积40.4万hm²，阿坝州29.8万hm²，凉山州10.6万hm²。

表1-2 四川省草原虫害分布情况

害虫种类	害虫名	危害地区	危害面积/万hm²
蝗虫	西藏飞蝗	石渠、理塘、稻城、乡城、德格、甘孜、炉霍、道孚、雅江、壤塘、金川等县	9.3
	亚洲飞蝗、宽须蚁蝗、意大利蝗、大垫尖翅蝗、小翅雏蝗、中华雏蝗、朱腿痂蝗、青海痂蝗、轮纹痂蝗	石渠、理塘、甘孜、德格、乡城、稻城、巴塘、炉霍、道孚、金川、壤塘、若尔盖、红原、阿坝、松潘、木里、盐源等县	34.4
毛虫	草原毛虫、若尔盖草原毛虫、小草原毛虫	石渠、色达、德格、白玉、甘孜、炉霍、新龙、若尔盖、阿坝、红原、木里、盐源等县	32.9
其他害虫	黏虫、劳氏黏虫、黑绒鳃金龟、铜绿丽金龟、黄褐丽金龟、草地螟	康定、九龙、丹巴、雅江、道孚、炉霍、新龙、甘孜、理县、西昌、德昌、冕宁、盐源、甘洛、昭觉、金阳、雷波等县	4.2

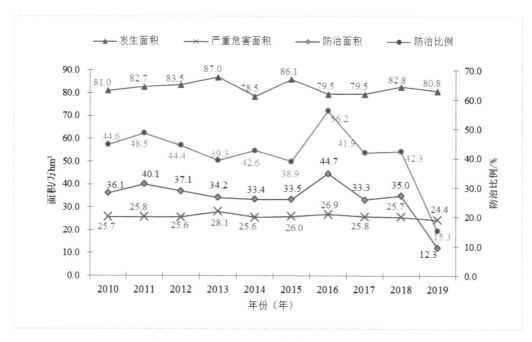

图1-5　2010～2019四川省草原虫害发生情况

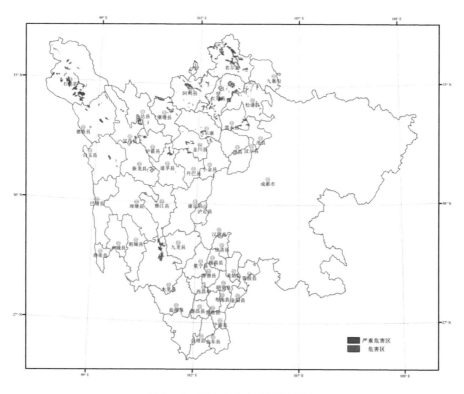

图1-6　草原害虫宜生区示意图

1. 草原蝗虫

草原蝗虫在四川省甘孜、阿坝、凉山三州 39 个县有不同程度发生，主要分布在石渠、德格、甘孜、色达、理塘、炉霍、道孚、雅江、稻城、若尔盖、红原、阿坝、壤塘、金川、马尔康、黑水、松潘、木里、盐源、昭觉、西昌、越西、美姑等县，宜生区面积约 300 万 hm^2。草原蝗虫主要种类有西藏飞蝗和青海痂蝗、轮纹痂蝗、大垫尖翅蝗、宽须蚁蝗、小翅雏蝗、意大利蝗等土蝗。据 2019 年统计，全省草原蝗虫危害面积 43.7 万 hm^2，严重危害面积 15.8 万 hm^2。其中，西藏飞蝗危害面积 9.3 万 hm^2，严重危害面积 3.7 万 hm^2。西藏飞蝗在理塘、石渠、德格、甘孜、炉霍、道孚、金川、壤塘等 18 个县发生，尤以雅砻江流域的甘孜、炉霍县，无量河流域的理塘县，金沙江流域的石渠、德格县，大渡河流域的金川、壤塘县发生危害较为严重，常在局部区域出现高密度群体。土蝗危害面积 34.4 万 hm^2，严重危害面积 12.1 万 hm^2，主要草地大县均有发生。

2. 草原毛虫

草原毛虫主要分布在川西北草原北部的石渠、色达、德格、甘孜、若尔盖、阿坝、红原、木里等 30 个县。草原毛虫宜生区面积约 200.0 万 hm^2。据 2019 年统计，全省草原毛虫危害面积 32.9 万 hm^2，严重危害面积 9.4 万 hm^2。

3. 其他害虫

黏虫、金龟子和地下害虫（地老虎、蛴螬）等害虫在半农半牧区县危害较重，道孚、炉霍、甘孜、盐源、西昌、金阳、雷波等县曾暴发成灾。据 2019 年统计，危害面积 4.2 万 hm^2，严重危害面积 1.4 万 hm^2。

三、草原虫害防治进展

我国于 20 世纪 70 年代末期开始组织开展大规模草原虫害防治。生物防治试验示范及推广起步于 20 世纪 80 年代中后期，大致可以分为三个阶段。第一个阶段是 20 世纪 80 年代中后期到 21 世纪初。该阶段防治药剂以有机磷、氟化物为主，并针对化学防治的局限性，逐步开展生物防控技术的研究和区域性试验示范。1986 年，农业部成立全国微孢子虫治蝗科研推广协作组，在新疆、内蒙古、青海、甘肃等省区开展了多年的防治草原蝗虫示范试验。第二个阶段是 2002 年以来，国务院印发了《国务院关于加强草原保护建设的若干意见》，强调"要采取生物、物理、化学等综合防治措施，减轻草原鼠虫危害。要突出运用生物防治技术，防止草原环境污染，维护生态平衡"。当年，全国畜牧兽医总站在全国牧区组织开展了草原虫害生物防控综合配套技术推广应用项目，开展草原虫害 3S 监测预警技术与方法研究，有计划地推广生物农药，优化天敌控制技术。该阶段以监测预警和生物防治为核心的综合配套技术逐步成型。第三个阶段是可持续控制阶段。农业部在 2006 年召开的全国植保植检工作会议上提出了公共植保和绿色植保的理念,主要通过采取生态治理、农业防治、生物控制、物理诱杀等综合防治措施控制草原病虫害,确保农业可持续发展;选用低毒高效农药,应用先进施药机械和科学施药技术,减轻残留、污染,避免人畜中毒和作物药害,要生产"绿色产品";植保还应防范外来有害生物种入侵和传播,要确保环境安全和生态安全。

在"预防为主,综合防治"方针指导下,以降低化学农药污染,促进人与自然和谐相处为理念,根据草原地区实际情况,提出草原虫害生物防控综合配套技术路线:运用生态系统平衡原理,对虫害生物防控进行技术设计;在虫害常发和重发区,建立健全监测预警体系;采用生物制剂、植物源农药、天敌防控等生物技术防控虫害,同时结合围栏封育、人工种草、草地改良等措施改变发生条件,达到降低虫口密度、挽回因灾损失、减少环境污染、维护生物多样性的目的,使草原害虫密度长期控制在经济阈值以下,做到有虫无害,实现草原生态系统平衡。

四川省按照"统筹规划,突出重点,集中连片,综合治理,注重效益"的原则,大力推广以生物防治为主的综合治理措施,积极推进专业化统防统治,草原虫害防治工作取得显著进展。"十二五"期间,全省年均防治 30 万 hm^2/次。大力开展类产碱、绿僵菌、苦参碱、印楝素、多角体病毒等生物农药推广运用,开展牧鸡灭蝗等生物防治技术试验。通过制定草原虫害防治预案,筹资修建、改建应急防治物资库,建立完善物资统防机制,购置大型防治机具和药物,组建专业应急防治队伍等措施,草原虫害应急防治能力不断提高。同时,通过省、州、县和乡村四级测报网络体系建设,定期开展固定监测与路线调查,每年 6~8 月实行草原虫害值班制度和周报告制度,应用现代信息技术进行预警分析等研究与试验示范,草原虫害监测预警工作得到长足发展。

第四节 草原鼠虫害调查与区划

草原鼠虫害预测预报是鼠虫害防治工作的重要组成部分,是科学预测鼠虫灾害发生和蔓延,提高鼠虫害防治效果和经济效益的重要措施。

通过对鼠虫生物学和生态学特性的长期周密观察,积累大量资料,进行数据处理和综合分析,科学地预测鼠虫在某一特定生态环境条件下的发生期、发生量、发展动向和危害程度,向有关地区和农牧民提供长期、中期和近期鼠虫灾害预报,以适时有效地开展防治工作。

鼠虫害预测预报工作内容,主要是掌握所辖区域内鼠虫种类、分布和优势种的消长动态;对鼠虫害发生地进行区域划分,了解主要鼠虫的生物学特性;划分出当地主要鼠虫害发生与生态环境因素、人为因素的相关性；综合上述结果和所得鼠虫害发生与诸因子之间的相关数据，根据当地某一阶段鼠虫数量基础，利用生物和数理统计学方法，进行鼠虫害发生期、发生量的预报。

一、调查内容

1. 草原害鼠的调查项目

鼠类调查是鼠害防治的基础，是制订防治规划及其方案的科学依据。野外调查前要做好技术设计（目的、方法、技术路线、国内外动态等）、选点（典型的景观或生境、代表性的样地、交通情况与工作的基础条件）、资料及工具的准备（查阅相关文献资料，工作区地形图，自然、地理、气候条件，植被以及各种仪器设备、药品与捕鼠工具）等工作。以鼠害防治为目的的调查，一般包括鼠类的区系调查、生态调查、害情调查和防治效果调查。

（1）鼠类区系调查

鼠类区系是指在一定的地域中（同一环境或地理区域），在历史发展过程和现代生态条件下形成鼠类的全体种类；按不同综合体划分的区域称鼠类区划。鼠类区系、区划的意义在于权衡不同环境中鼠类的益害，利用和改造资源动物，综合防治鼠害。鼠类区系调查目的在于了解啮齿动物区系组成的特征和分布规律，掌握害鼠在草原环境中与各种环境因子之间的相互关系。通常区系调查的内容有以下五个方面。

①害鼠环境因子调查。包括害鼠栖息的地理位置、海拔高度、气候条件、地质与土壤、水文以及草原植被状况、草地类型和植物种类组成等。这些资料，亦可查阅区域相关文献资料来获取。调查地形及代表性植被类型是划分鼠类生境类型的主要依据，并以此命名。例如，滩地及山地阴坡草甸，山地阳坡草原化草甸，山地阴坡、河滩灌丛、人工草地等。在中小尺度范围调查，要收集土壤、地形、气候等生态因子信息；在大尺度范围调查，则必须明确景观类型及其结构。

②害鼠的区系组成。通过将在不同生境中捕获的鼠类制作成标本，然后借助检索表及有关专著鉴定种类，也可根据鼠洞、鼠丘、鼠粪或动物活动的痕迹，间接识别鼠种，鉴定后依据分类系统和分布确定鼠类区系组成。一般调查时间越长、调查的次数越多，可获得较齐全的鼠种和准确的区系组成及鼠类区划。

③数量组成。调查草原区各种啮齿动物的比例关系，确定该种动物区系的优势种、常见种和稀有种。通常情况下，数量统计的结果用级数来表示，定为三级，每级之间相差5倍或10倍，并以"＋"号代表级数。例如，优势种用"＋＋＋"代表，常见种用"＋＋"代表，稀有种用"＋"代表。用夹日法进行统计时，其标准是：优势种，捕获率在10%以上；常见种，捕获率为1%～10%；稀有种少于1%。通常一种环境中

或某一地区内，优势种一般只有 1~2 种，常见种的比例较大，而稀有种的种数较少，一般也是 1~2 种。一般依据调查的实际情况，将捕获量比例最高的 1~2 种确定为优势种，捕获量比例少于 1% 的 1~2 种确定为稀有种，其余均可视为常见种。

④划分群落。根据种类组成、数量组成、优势度，以及根据地形、土壤、植被等条件，划分不同生境的害鼠群落并予以命名。例如，丘陵坡地栗钙土冷蒿 + 糙隐子草草原布氏田鼠 + 黄鼠群落。

⑤绘制群落分布图。调查鼠类群落时，需要在大面积范围内进行，同一景观不得少于 1 km²，样方数不应少于 3 个，每个样方面积不小于 0.25 hm²。根据调查结果，确定出群落组成，并在 1∶5 000 的地形图上，参考地形和植被的界限，描出群落分布图，按比例缩小后制成调查区域的害鼠群落分布图。

（2）鼠类生态调查

①性比调查。调查种群中雄性个体数与雌性个体数的比例关系，通常用 ♂/♀ × 100% 或 ♀/♂ ×100% 来表示，或以整体数与雄性数相比的百分率表示。种群的性比，在不同季节和不同年份是不同的，因此，调查时应在不同季节和不同年份中分别进行。

②年龄调查。调查种群的年龄组成时，首先要根据鼠类的生长规律确定划分年龄组成的标准特征，其主要依据臼齿的磨损程度、齿质的变化、体重、体长、外貌特征、头骨的结构及生长变化等特征来确定。

③繁殖调查。调查繁殖习性要逐月逐旬捕获一定数量的鼠类，并根据所捕鼠类确定成体雌鼠数量及雄鼠数量。通过逐月逐旬解剖雌鼠确认妊娠鼠数及妊娠时间和妊娠期，计算所调查的鼠种妊娠率，其公式为：

$$妊娠率 = \frac{妊娠鼠数}{成年雌鼠数} \times 100\%$$

雄鼠繁殖期的确认，可依据睾丸垂入阴囊来判断，非繁殖期睾丸重返腹腔。

④数量变动。鼠类死亡率和成活率决定鼠类种群数量和数量变动，通常鼠类在繁殖前数量最低，在繁殖季节数量不断增长，繁殖结束时数量最高，随后数量又逐渐降低。因此，调查种群数量变动时，要每年逐月在同一生境内进行不同鼠种的成体及幼体的死亡数量和成活数量统计，分析可得到该生境内不同季节和年度的数量和数量变动资料。

⑤食性和食量。通常采用野外观察法、粪便及胃内容物组织显微观测法进行综合分析判断。

⑥种群数量的年动态和季节动态。通常有直接调查法和间接调查法两种。直接调查法常采用鼠夹或鼠笼样地内捕尽；间接统计法采用堵洞开洞法进行，通过有效洞口数及系数换算鼠类种群数量及动态变化。

⑦混生区不同鼠种的数量关系。采用实捕得到的鼠种数量进行分类鉴定，分析其数量关系。

（3）鼠类害情调查

鼠类活动引起的植被、土壤和微地形等外貌上的改变，是鼠类种群各方面活动的综合结果，鼠类种群超过一定的生态经济阈值，将会对草原生态系统形成危害或潜在的危害。因此，对鼠类的调查，可以了解危害程度及趋势。调查内容有洞系（或洞群）调查、植被盖度调查、牧草损失量调查和实际经济损失调查。根据鼠类危害特点，其危害程度分为4级（各地可根据主要害鼠种类、危害特点和经济损失确定）。调查方法与记录内容参照《草原鼠荒地治理技术规程》（NY/T 1240－2006）。

①破坏量的调查。首先全面调查鼠类危害发生区域，并用GPS将不同植被受害边界定位，每个区域的定位点应大于4个，以便确定范围。然后绘制1：50 000或1：100 000地形图，根据图上所标受害草地植被类型及面积大小，逐一进行选样测查，对鼠道繁杂、洞口密布地区要重点测查，分类分级标识，计算不同类型及不同级别鼠害区内的破坏量。破坏量调查可采用样线法、测网法等。

②划分危害等级。评价鼠类危害程度的因子很多，如鼠害造成的植被演替、植被岛屿化、微地形破碎，以及土壤养分和水土流失等，一般依据直观、常用并结合生产、可操作性强和数据易采集等原则选择测度值。

③绘制鼠害分布图。根据野外调查及图上标识，划分出害鼠危害等级区域，绘出鼠害危害分布图。具体方法是：在地形图上将相同密度调查点连线，保留连线拐点经纬度，绘成封闭图斑，不同密度图斑用不同颜色填充；使用分级的颜色，应按照随等级加大逐渐加深的原则设置；绘制图例表，标出密度等级（如0～500、500～1 500、1 500～2 500、2 500以上有效洞口数/hm^2），利用连线拐点经纬度计算各级危害面积并予以标记。

④绘制危害分布图。根据鼠类区系与害情调查，特别是害鼠群落分布图与鼠类危害分布图，依据遵循历史发展、生态适应和生产实践的原则，以草原啮齿动物区系组成、地带性生物气候和地带性植被为指标，划分草原鼠害区，绘制草原鼠害区划图。

（4）防治效果调查

通过设置检测样方检测鼠害防治前后的有效洞口密度变化，来反映鼠害防治效果，并做好记录。灭鼠效果调查记录表见表1－3。

①地面鼠（鼠兔、田鼠）调查

●用封洞开洞法（堵洞盗洞法）。

●药效检测　检查药物效果样方，主要是检测所使用农药的效果。首先在样方内用泥土等堵住所有鼠洞口，第二天（24 h后）检查被鼠打开洞口数，并同时投饵，这时的投饵洞口数即为灭前有效洞。从投药当天算起到灭效检查时间（如C型生物毒素检查第 7 d 灭效），用同样方法将样方内鼠洞口堵住，第二天（24 h 后）统计被鼠打开的洞口数，即为灭后有效洞。

●大面积灭效检测　检查大面积灭鼠效果，其方法与药效样方基本相同，只是首次堵洞 24 h 后的投饵工作改由牧民按常规方式完成，但应照常统计，打开洞口数即灭前有效洞，也可在规定时间先统计洞口数并做标记后，由牧民按常规方式投药，以后检查方法相同。

不同农药中毒高峰时间是不一样的，应依据不同农药中毒高峰时间确定。实际工作中，一般生物农药检查时间为投药后 7 ~ 10 d，化学农药为投药后 5 ~ 7 d。

表 1 - 3 　灭鼠效果调查记录表

样方设置	样方号	生境	堵洞数/个	灭前有效洞/个	效果检查时间	堵洞数/个	灭后有效洞/个	灭效/%
平均								
对照								

●操作方法　选好地点后，用大石块做标记并写上样方编号，以此为样方中心，由一人拉住测绳固定在圆心，另一人拉住测绳的另一端逆时针方向行走，其他人员按一定间距分别站立测绳旁，每个人负责计数本人左（或右）侧鼠洞口。

●灭效计算　对照样方内不投药，但应和灭效样方一样堵洞并确定洞数计算自然灭洞率。自然灭洞率计算公式：

$$d = \frac{a - b}{a} \times 100\%$$

式中，a 为对照样方灭前有效洞；b 为对照样方灭后有效洞。

实际灭效计算公式：　　　　$$D = \frac{rA - B}{rA} \times 100\%$$

式中，A 为灭前有效洞；B 为灭后有效洞；校正系数：$r = 1 - d$。

②地下鼠（鼢鼠）调查

●开洞封洞法　在 0.25 hm² 样方内，首先在新鲜土丘旁根据判断的洞道位置，打开鼢鼠洞口，第二天（24 h 后）调查已封洞的洞口数，即为灭前有效洞口数。同时，在有效洞口安放弓箭，或将已封洞口重新打开投放毒饵后用泥土封住。到灭效检查时间后再按上述方法，打开洞口，第二天（24 h 后）调查已封洞口数，即为灭后有效洞。

●灭效检查时间及计算公式　灭效检查时间根据灭鼠药物中毒高峰时间而定，一般检查灭鼠后 7 ~ 8 d 的灭效。针对弓箭防治法，其灭效检查时间在弓箭安装后第 3 d。灭效计算公式：

$$D = \frac{A - B}{A} \times 100\%$$

式中，A 为灭前有效洞；B 为灭后有效洞。

●调查土丘数法及计算公式　灭前在样方内调查当天的新鲜土丘数，到灭效检查时，再调查样方内新鲜土丘数。计算公式：

$$灭效 = \frac{灭前土丘数 - 灭后土丘数}{灭前土丘数} \times 100\%$$

新鲜土丘指当天推出的土丘，其土壤明显较湿润。此方法较为简便，但准确性较差。

2. 草原害虫的调查项目

（1）害虫调查内容

害虫调查的内容包括种类组成、分布和种群数量消长的调查。

①种类组成调查。目的是为了了解某一草原类型或某种牧草上的害虫种类、发生的时期、不同种类的数量对比以及危害的寄主植物及危害部位、危害虫态等，确定主要防治对象和天敌的作用。此类调查通常采用普查的方式，主要采用草原采集调查，其次可辅以灯光、色板和性引诱剂诱捕。

②分布调查。目的在于查明害虫的地理分布，以及不同分布区的数量对比，以此明确害虫的分布范围和不同地区的发生程度。对检疫对象要弄清有无分布，作为划定疫区和保护区的依据。

③种群数量消长调查。目的在于了解草原害虫或益虫种群数量消长的情况，了解环境条件对它们数量变化的影响，掌握昆虫的年生活史、发生世代、各代发生期及发生量，以及越冬虫态及场所。

（2）昆虫区系调查

区系调查的目的在于了解昆虫区系组成的特征和分布规律，掌握昆虫在草原环境中与各种环境因子之间的相互关系。区系调查大量的工作是野外实地调查，包括实地观测和采集标本等工作，调查的重点是种类组成（分类鉴定种类，提出区系名录，区分优势种、普通种和稀有种）和地理分布（在标明生境特征、确定分布区、数量对比的基础上绘制种群及群落分布图）。同时，对昆虫天敌进行调查，包括害虫天敌的种类、寄生性天敌的寄主和感染率等。

①调查时间。调查工作应根据目的、对象选择适当的方法和时间。调查害虫种类组成时，由于植物不同发育阶段与季节中发生的种类不同，必须在植物的各个发育阶段进行；调查害虫分布时，应选择发生最盛期进行，尤其是尽量在易于发现和认识的虫期进行；同样，调查害虫发生期与发生量时，亦应按虫期和生活习性不同而异，损

失率的调查多在受害已表现时进行。一般于3月中下旬调查草原害虫卵块情况,6月初至8月中旬每周一次调查虫态和密度。有的草原害虫应在3~4月调查,如蚜虫。有的应在10~11月调查幼虫情况,如金龟子。

②危害程度与损失调查。对害虫群落在不同时间、不同草原类型、不同虫口密度下对牧草生长及产量造成损失进行实地观测,通过实地取样调查取得虫口密度等资料,统计测定,计算牧草受害损失程度在产量和质量上的数据,以便从经济上衡量开展防治与否以及提出必须防治的数量标准。产量损失、质量损失可按牧草受害程度,依一定标准进行分级来确定。分级的标准应视害虫种类及被害作物而不同,依据观测结果划分危害等级,一般分为四级。

● 一级:受害轻,害虫危害不明显。

● 二级:受害中等,害虫数量较多,危害明显。

● 三级:受害严重。

● 四级:植物全部或近乎全部没有收获。

上述调查主要靠实地取样、统计测定、计算来完成。

③危害面积调查。通过本调查,要取得某害虫在分布区内,其危害程度已超过当时经济允许水准的危害区,尤其是严重危害区的面积数据,为确定防治面积提供可靠依据。上述调查除靠一般的实地观察记载外,有关量的实际测定与资料的整理分析是其主要手段。

④主要害虫重点调查。根据区系及危害情况调查资料,对主要害虫的危害情况、生物学及生态学特性等进行深入调查,为研究、预测预报和防治提供科学依据。

二、调查方法

1. 草原鼠害调查方法

(1) 夹日法

一夹日是指一个鼠夹捕鼠一昼夜,通常以100夹日作为统计单位,即100个夹子一昼夜所捕获的鼠数作为鼠类种群密度的相对指标——夹日捕获率。例如,100夹日捕鼠10只,则夹日捕获率为10.0%。其计算公式为:

$$P = \frac{n}{N \times h} \times 100\%$$

式中,P为夹日捕获率(%);n为捕获鼠数(只);N为鼠夹数(个);h为捕鼠昼夜数。

夹日法通常使用中型板夹,具托食踏板或诱饵钩的均可。诱饵以方便易得并为鼠类喜食为准,各地可以因地制宜。同一系列的研究,为了保证调查结果的可比性,鼠夹和诱饵必须统一,并不得中途更换。

①一般夹日法。鼠夹排为一行(所以又叫夹线法),夹距 5.0 m,行距不小于 50.0 m,连捕 2 d 至数昼夜,再换样方,即晚上把夹子放上,每日早晚各检查 1 次。2 d 后移动夹子。为防止丢失鼠夹,或调查夜间活动的鼠类时,也可晚上放夹,次日早晨收回,所以又叫夹夜法。

②定面积夹日法。25 个鼠夹排列成一条直线,夹距 5.0 m,行距 20.0 m,并排 4 行,这样 100 个夹子占地近 1.0 hm²,组成 1 个单元。于下午放夹,每日清晨检查 1 次,连捕两昼夜。

(2)洞口统计法

此法是统计鼠类相对密度的一种常用方法,适用于植被稀疏而且低矮、鼠洞洞口比较明显的鼠种。根据不同的调查目的选择有代表性的样方,每个样方面积可为 2 500 m²。还可根据不同需要,分别采用方形、圆形和条带形样方进行统计。

①方形样方。方形样方常作为连续性生态调查样方使用。面积可为 1.0 hm²、0.5 hm²或 0.25 hm²。样方四周加以标志,然后统计样方内各种鼠洞洞口数。统计时,可以数人列队前进,保持一定间隔距离(宽度视草丛密度而定,草丛稀可宽些,草丛密可窄些)。注意防止重复统计同一洞口,或漏数洞口。

②圆形样方。实际中常采用此方法。在已选好的样方中心插一根长 1.0 m 左右的木桩,在木桩上拴一条可以随意转动的测绳,在绳上每隔一定距离(依人数而定)拴上一条红布条或树枝。一人扯着绳子缓慢地绕圈走,其他人在红布条之间边走边数洞口(如图 1-7)。最好是数过的洞口上用脚踩一下,作为记号,以免重数或漏数。

如果调查人较少时,可用 2 条长度相同的绳子。绳子一端拴上铁环,另一端拴上铁钉。将铁环套在圆心的木桩上,铁钉按一定距离固定在圆周上,将样方划分为扇形Ⅰ、Ⅱ、Ⅲ……然后,在扇形Ⅰ中从圆心向圆周数洞口。第一次数完后,移动绳子,数第二个扇形Ⅱ,如此,反复交替数完为止(如图 1-8)。

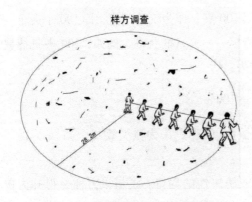

图 1-7　圆形样方统计洞口示意图

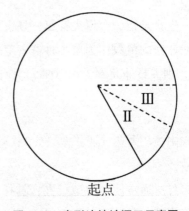

图 1-8　扇形法统计洞口示意图

③条带形样方。此法多应用于生境变化较大的地段。其方法是：选定一条调查路线，长1.0 km至数千米，要求能通过所要调查的各种生境；在路线上调查时，用计步器统计步数，再折算成长度（m）；行进中按不同生境分别统计2.5 m或5.0 m宽度范围内的各种鼠洞洞口数；用路线长度乘以宽度即为样方面积。这种调查最好两人合作进行。

④洞口系数调查。洞口系数是鼠数和洞口数的比例关系，表示每一洞口所占有的鼠数。应测得每种鼠不同时期的洞口系数（每种鼠在不同季节内的洞口系数是有变化的）。

洞口系数的调查，必须另选与统计洞口样方相同生境的一块样方，面积一般为0.25 hm²。先在样方内堵塞所有洞口并计数（洞口数），经过24 h后，统计被鼠打开的洞数，即为有效洞口数。然后，在有效洞口置夹捕鼠，直到捕尽为止（一般需要3 d左右），统计捕到的总鼠数。此数与洞口或有效洞口数的比值，即为洞口系数或有效洞口系数。

$$洞口系数（或有效洞口系数） = \frac{捕获鼠总数}{洞口数（或有效洞口数）}$$

调查地区的鼠密度，在查清洞口密度或有效洞口密度的基础上，用下式求出：

$$鼠密度 = 洞口系数 \times 洞口密度$$

或 $$鼠密度 = 有效洞口系数 \times 有效洞口密度$$

（3）开洞封洞法

此法适用于鼢鼠等地下活动的鼠类。其方法是：在样方内沿洞道每隔10.0 m（视鼠洞土丘分布情况而定）探查洞道，并挖开洞口，经24 h后，检查并统计封洞数，以单位面积内的封洞数来表示鼠密度的相对数量。

统计地下活动鼠类的数量时，还可采用样方捕尽法、土丘系数法。

①样方捕尽法。选取0.25 hm²的样方，用弓箭法或置夹法，将样方内的鼢鼠捕尽。这一方法所得结果，接近于绝对数值。

②土丘系数法。先在样方内统计土丘数，按土丘挖开洞道，凡封洞的即用捕尽法统计绝对数量，求出土丘系数。

$$土丘系数 = \frac{每公顷实捕鼢鼠数}{每公顷土丘数}$$

求出土丘系数后，即可进行大面积调查，统计样方内的土丘数，乘以系数，则为其相对数量。这种方法所得结果与捕尽所得结果相吻合，适用于统计鼢鼠的数量。

2. 草原虫害调查方法

（1）草原虫害实地调查方法

害虫因种类或虫期不同，危害部位和分布型也有差异。在实际调查中，根据调查的目的、任务与对象，通常采用普查和详细调查相结合，还可采用定点调查。

①普查。一般指在草原或牧草地中，选有代表性的路线用目测法边走边调查。调查时除记载害虫发生的生境外，还要着重调查害虫发生的生态因子以及害虫的生物学特性。同时，还必须向当地牧民进行访问，了解草原培育和利用的管理技术水平、虫害发生情况和防治经验等。

②详细调查。在普查的基础上，为了进一步查清害虫的种类、发生及其危害情况，选择有代表性的地段，选定调查点，分别对食叶、蛀茎、花和果实以及根部害虫进行详细调查。其内容主要有害虫种类组成调查和害虫数量调查。

③定点调查。定期或不定期在固定的样地进行害虫调查。其特点是能够系统地观察害虫的变化，研究害虫种群数量变化规律。在定点调查时，必须对当地气象资料进行观察、记载和收集。如四川省一般于4月中下旬开始对草原害虫进行挖取卵块（草原蝗虫）、一龄幼虫越冬情况（草原毛虫）调查，6月初至8月中旬每周调查1次虫态和密度。有的害虫应在2月底或3月初调查，如努虫。有的应在10～11月调查幼虫情况，如金龟子。调查前，先要做好与各有关部门、统计人员的协调配合，拟定调查大纲，完善调查方法及内容，做好调查人员的培训工作。同时，准备好调查表格。牧草害虫采集记录表见表1-4。

表1-4　牧草害虫采集记录

采集地点：	采集日期：
生境：	海拔：
草地类型：	草地年龄：
草地利用状况：□放牧 □刈割 □收种 □兼用	
寄主俗名：	寄主学名：
生育阶段：	受害状况：
分布特征：	
采集人：	采集号：
害虫名称：	虫态：
签订人：	标准号：
备注：	

（2）取样方法

取样就是从调查对象的全群中，抽取一定大小、形状和数量的单位（样本），以最小的人力和财力、最短的时间，达到最大限度地代表这个总体的目标。取样方法的确定，要根据调查对象种群大小和集团的变异程度，用于调查的人力以及时间长短和要求准确程度的高低而确定，随着这些条件的不同，采取不同的取样方法。例如，按组织方式的不同，取样方法可分为分级取样、双重取样、典型取样、分段取样和随机取样。

①分级取样（又称巢式抽样）。这是一种一级级重复多次的随机取样。首先从集团中取样得样本，然后再从样本里取样得亚样本，依此类推，可以继续如此取样。

②双重取样（又称间接取样）。一般应用于调查某一种不易观察，或耗时很长才能观察的性状。双重取样必须具备两个条件，即两个性状必须具有较密切的相关关系和两个性状中必须有一个性状是比较容易观察到的简单性状。

③典型取样（又称主观取样）。即在全群中主观选定一些能够代表全群的作为样本。该方法带有主观性，但当我们已相当熟悉了全群内的分布规律时来应用它，便较为节省人力和时间，但要小心避免人为主观因素带来的误差。

④分段取样（又称阶层取样、分层取样）。当全群中某一部分与另一部分有明显差异时通常采用分段取样法，从每一段里分别随机取样或顺序取样。

⑤随机取样。就是随机抽取样本采样，完全不带有任何主观性。常用随机数字表进行抽样。根据全群的大小，定出了按一定间隔选取一个样本，一定要严格地执行，而不能任意地加大或减少间隔，也不得随意变更取样单位。因此，随机取样不等于随便取样。

实际上，无论是分级取样、双重取样、典型取样，还是分段取样，在具体落实到最基本单元时，都要采用随机取样法做最后的抽样调查。害虫实地调查最常用的随机取样方法有棋盘式、五点式、对角线式、平行线式或"Z"字形式等（如图1-9）。

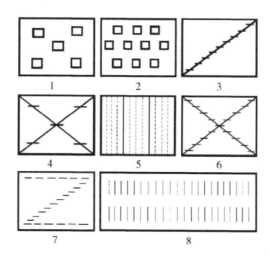

1. 五点式（面积）；2. 棋盘式；3. 单对角线式；4. 五点式（长度）；
5. 直线式；6. 双对角线式；7. "Z"字形式；8. 平行线式。

图1-9 害虫调查各种取样方式示意图

究竟采用哪种方式才能正确地做出估计，主要根据害虫或其危害植物在草原的分布型。最常见的有3种（如图1-10）。

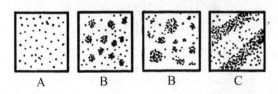

A.随机分布型； B.核心分布型； C.嵌纹分布型。

图1-10 害虫常见的3种分布型

●随机分布型 此型又称泊松分布（Polsson）。这类害虫的活动力强，害虫（或被害株）在田间的分布是随机的，即呈比较均匀的状态（如图1-10A）。每个个体之间的分布距离虽不相等，但比较均匀，通常是稀疏的分布。可采用随机取样法，如五点式、对角线或棋盘式。

●核心分布型 这类害虫的活动力弱，分布呈不均匀的状态，个体形成许多小集团或核心，并且自这些小核心向四周放射扩散蔓延，核心与核心之间是随机分布的，核心内通常是较密集的，核心大小相近似或不等。核心大小相近似的核心分布叫作奈曼（Neyman）核心分布（如图1-10B左），核心大小不等的称它为P-E核心分布（如图1-10B右）。

●嵌纹分布型 这也是一种不随机的分布，害虫在田间分布疏密相间，形成密集程度极不均匀的大小集团，故呈嵌纹分布。这种分布型是由很多密集度不同的随机分布型混合而成或由核心分布的几个核心联合而成（如图1-10C），比如危害苜蓿和豆类的红蜘蛛、粉蝶的卵和幼虫在田间的分布。一般采用"Z"字形式或棋盘式取样法。

（3）取样单位

取样单位随着害虫的种类、不同虫期活动栖息的方式以及各类牧草生长情况不同而灵活运用，一般常用的单位有如下7个。

①长度。常用于密集条播牧草害虫的调查统计。统计一定长度（如1 m）内的害虫数和有虫株数。

②面积。常用于调查统计地面害虫、密集的矮生牧草、密植牧草的害虫，以及虫体小、不甚活跃、栖居植株表面的害虫。统计时一般采用1 m²的面积，密度大时面积可缩小为1/4 m²。

③体积（或容积）。用于调查贮存干草中的害虫。

④重量。用于调查草地种子中的害虫。

⑤时间。用于调查活动性大的害虫，观察统计单位时间内经过、起飞或捕获的害

虫数。

⑥植株或植株上部分器官或部位。统计虫体小、密度大的蚜虫、蓟马等时，常以寄主植物部分如叶片、花蕾、果实等为单位。

⑦器械。根据各种害虫的特性，设计或使用特殊的调查统计器械，如捕虫网、诱虫灯等。捕虫网扫捕一定的网数，统计叶蝉、粉虱及蝗虫的百网虫数；灯光诱蛾，统计一定光度的灯，在一定时间内诱获的虫数（虫头/台）；糖、酒、醋液诱集地老虎，黄色盘诱集蚜虫和飞虱，统计每盘计数（虫头/盘）；谷草把诱卵、杨柳枝把诱蛾等，则以单位面积内设置一定大小规格的诱集物为单位，统计百把卵块数、百把蛾数等。

（4）取样的数量

适宜的取样数量很重要，取样过少，会使调查不准确，取样过多又会浪费人力和时间，一般来说为 5 点、10 点、20 点、25 点。

（5）调查资料的统计与计算

将调查记载的大量数据进行整理，计算出常用的指标值，如被害率、虫口密度、防治效果、损失率等。

①被害率。被害率就是被危害草原面积占草原总面积的百分数，表示危害的普遍性和危害轻重。为了便于比较不同地区、不同时期或不同环境因素影响下的害虫或益虫发生情况，一般需计算出百分率，且样本数至少要有 20 个以上。常用下列公式计算：

$$P = \frac{n}{N} \times 100\%$$

式中，P 为受害株百分率（有虫样本百分率）；n 为有虫或受虫害样本数；N 为检查样本总数。

②虫口密度。虫口密度就是单位面积（或丛、株）上的害虫数量。

$$虫口密度 = \frac{单位面积害虫数量}{单位面积}$$

③防治效果。防治效果就是防治后被害率下降的程度，一般可用被害减轻百分率、虫口减少率、挽回损失率等来表示。

$$虫口减少率 = \frac{防治前单位面积虫口数 - 防治后单位面积虫口数}{防治前单位面积虫口数} \times 100\%$$

④损失率。损失率就是单位面积牧草损失实际数量占单位面积牧草数量的百分数。

$$C = \frac{Q \times P}{100} \times 100\%$$

式中，C 为产量损失百分率；Q 为损失系数；P 为受害植株百分率。

$$Q = \frac{A - E}{A} \times 100\%$$

式中，Q 为损失系数；A 为单位面积未受害牧草的产量；E 为单位面积受害牧草的产量。

⑤平均数计算法。此法是调查统计分析上用得最多，而且很重要的一个数量指标。它集中代表了样本的归纳特征。计算法是把各个取样单位的数量直接加在一起，除以取样单位的个数所得的商，即为平均数。计算公式如下：

$$\bar{x} = \frac{x_1 + x_2 + x_3 \cdots + \cdots x_n}{n} = \frac{\sum_{i=1}^{n} x_i}{n}$$

式中，$\bar{x}$ 为平均数；n 为取样单位个数；x 为变数。

计算平均数时，应注意代表性，变数中有的太大或太小，常影响平均数的代表性。

⑥加权平均。如果在调查资料中，变数较多，样本在 20 个以上。若相同的数字有几个，在计算时，可用乘方代替加法，这种计算平均数的方法，称加权平均。其中，数值相同的次数为权数，用 f 代表。用加权计算的平均数叫作加权平均数。计算公式如下：

$$\bar{x} = \frac{f_1 x_1 + f_2 x_2 + f_3 x_3 \cdots + \cdots f_n x_n}{n} = \frac{\sum_{i=1}^{n} f_i x_i}{\sum_{i=1}^{n} f_i}$$

三、四川草原鼠害区划

川西北草地幅员辽阔，地跨古北、东洋两大陆生动物区系，因而现代与古老、南方与北方的各种动物都聚在此，形成了鼠类区系的多样性。根据对该地区进行鼠害调查所获资料，按鼠类的现行分布结合地形、地貌、气候、植被等因素，将该地区划分为三大区域，即川西北高原高原鼠兔 + 高原鼢鼠分布区、川西南山地绒鼠 + 姬鼠分布区、西南山地亚高山峡谷鼠兔 + 田鼠分布区。

1. 川西北高原高原鼠兔 + 高原鼢鼠分布区

本区属古北界青藏区域羌塘高原亚区的南缘，西临金沙江，与西藏自治区相邻，北与青海和甘肃省接壤，南东侧为川西高山峡谷山原针叶林地带，包括石渠、色达、壤塘、阿坝、若尔盖、红原、甘孜、德格、白玉等县。该区地形由高原开阔谷地与浑圆浅丘组成，地势高峻，西部石渠与色达一带平均海拔 4 000 ~ 4 500 m，东部若尔盖、红原一带平均海拔 3 500 ~ 4 000 m。境内水系发达，长江水系的雅砻江、金沙江、鲜水河的一些支流上游迂回其间，河床常无固定位置，河曲、河汊极为发育，形成开阔的谷地和阶地。该区分布的中、小型哺乳动物属高原、高寒、草原、草甸动物群，主要为北方种型，种类少，数量多，计有 26 种，占省内中、小型哺乳动物总数的 19.0%。啮齿动物区系主要由鼢鼠、鼠兔、旱獭等青藏寒旱型种类组成，寒湿型的田鼠入侵本区。此外，长尾仓鼠在本区东部少数地区亦有分布。鼠类优势种是高原鼢鼠、高原鼠兔、喜马拉雅旱獭和高原兔。

2. 川西南山地绒鼠 + 姬鼠分布区

本区位于大相岭以南凉山州的西南部，属东洋界西南区，主要包括木里、盐源县，由于地势高峻，气候特点是冬季寒冷，夏季较暖和，年降水多集中在 6～9 月，占年降水量的 80.0% 以上，形成冬春干旱，夏秋易涝。土壤由南向北主要是山地褐土、山地棕壤、亚高山草甸土、高山草甸土。植被由干热河谷灌丛、云南松林、高山栎类林、亚高山常绿针叶林、高山灌丛和亚高山疏林组成。天然草地多分布在海拔 2 800～4 200 m 的林线以上，还有分布在海拔 2 500～3 800 m 之间的林间草地，草地植物主要有莎草科、禾本科、豆科、菊科和蓼科。栖居在本区的动物区系为亚热带森林动物群，危害草地的鼠类主要是玉龙绒鼠、苛岚绒鼠和高原鼢鼠，高山姬鼠是本区的农田小兽。

3. 西南山地亚高山峡谷鼠兔 + 田鼠分布区

本区地处四川盆地的西缘，云南高原的东北缘，是古北界与东洋界的过渡地带，属东洋异西南区西甫山地亚区，包括松潘、南坪、理塘、得荣、巴塘等县。境内以沙鲁里山、大雪山、邛崃山、岷山为主，岷江发源于本区，是青衣江、大渡河的上游，地势崎岖，为典型的高山峡谷地形，气候既受东南季风影响，又在不同程度上受青藏高原气候的影响，从而形成该区域内动物区系的复杂性。本区总数的 50.0% 以上的动物为亚热带森林动物群，著名的大熊猫可作为这一分布型的代表。许多古老类型的单型属如显孔攀鼠均分布于此，草原啮齿动物区系主要是鼠兔、田鼠等小型啮齿动物，其次是旱獭，低海拔地区有高原白腹鼠、姬鼠等类群，喜马拉雅旱獭在较高海拔地区呈灶状分布。

四、四川草原虫害区划

四川省草原害虫种类主要有西藏飞蝗、土蝗、草原毛虫、黏虫、金龟子等。近 10 年平均发生面积 82.5 万 hm²，严重危害面积 26.4 万 hm²。草原蝗虫宜生区主要分布在石渠、德格、甘孜、色达、理塘、炉霍、道孚、雅江、稻城、若尔盖、红原、壤塘、金川、马尔康、黑水、松潘、木里、盐源、西昌、宁南、美姑等县，面积约 300 万 hm²。草原毛虫宜生区主要分布在石渠、德格、色达、甘孜、理塘、炉霍、道孚、雅江、若尔盖、阿坝、红原、壤塘、松潘等县，面积约 200 万 hm²。

根据对该地区进行的虫害调查资料，按现行分布情况，结合地形、地貌、气候、植被等因素，将该地区划分为四大区域，即川西北草原毛虫+土蝗发生区、甘孜中南部草原土蝗+飞蝗发生区、阿坝中南部草原蝗虫发生区、川西南草原虫害发生区。

1. 川西北草原毛虫+土蝗发生区

本区包括甘孜州的石渠县大部及色达、德格和甘孜县的一部分，阿坝州的阿坝县全部及若尔盖、红原及壤塘县的一部分，为纯牧业区。草地类型主要为高寒草甸草地，植被以莎草科、禾本科、菊科、毛茛科、豆科、蔷薇科、蓼科等类草本植物为主。本区分布海拔3000~5000 m的高寒草甸、山地草甸和草甸化草原，分布有草原毛虫、青海草原毛虫、金黄草原毛虫、若尔盖草原毛虫、小草原毛虫。草原蝗虫以土蝗为主，分布的蝗虫主要有锥头蝗科的轮纹异痂蝗、斑翅蝗科的沼泽蝗、网翅蝗科的短翅雏蝗和青海缺沟蝗等。

2. 甘孜中南部草原土蝗+飞蝗发生区

本区西以金沙江为界，东至大渡河，包括甘孜州中部和南部的理塘、新龙、道孚、炉霍、白玉、丹巴、康定、泸定，以及九龙、雅江、乡城、稻城、得荣、巴塘县全部，和石渠玉科、德格、色达及甘孜县的一部分，凉山州的木里县。主要草地类型为高寒草甸、高寒灌丛草甸，在海拔较低的地方有山地疏林草地、山地灌草丛草地和干旱河谷灌木草丛草地。本区分布的草原蝗虫约32种，占全省蝗虫种数的23.0%，其中网翅蝗科共28种，斑翅蝗科有2种，瘤锥蝗科有2种。网翅蝗科中有20种为四川特有种，海拔较高的理塘县有理塘白纹蝗、短翅白纹蝗、红腹牧草蝗；金沙江岸的巴塘县有长翅白纹蝗、缺沟白纹蝗、小翅白纹蝗、黄纹大康蝗，均为本科中四川特有种；本科中雏蝗属4种，在海拔较低的区域分布相对广泛。瘤锥蝗科的格湄公蝗、云南蝗在乡城县有分布。本区内西藏飞蝗主要分布在雅砻江、金沙江、大渡河及理塘无量河畔，在石渠县与西藏江达县交界区的金沙江岸分布较集中。

3. 阿坝中南部草原蝗虫发生区

本区包括阿坝州中部和南部的松潘、黑水、茂县、理县、马尔康。小金及金川全部，若尔盖、红原、壤塘及汶川的一部分。主要草地类型为高寒草甸、高寒灌丛草甸，在海拔较低的地方有山地疏林草地、山地灌草丛草地和干旱河谷灌木草丛草地。本区分布的草原蝗虫约11种，占全省蝗虫种数的8.0%，其中网翅蝗科共7种，4种为四川特有种，斑翅蝗科有4种。网翅蝗科的隆额网翅蝗、马尔康雏蝗、葛氏雏蝗广泛分布于马尔康、小金、金川等县。金川县的楼观雏蝗、鳞翅雏蝗，汶川县的短翅异爪蝗，马尔康的华北雏蝗，在四川其他地区不多见。

斑翅蝗科的轮纹异痂蝗、黑股车蝗分布于马尔康、金川、理县等。沼泽蝗主要分布在若尔盖县，非洲车蝗主要分布在金川县。

4. 川西南草原虫害发生区

本区主要包括凉山州大部（木里县除外）、攀枝花市、盐边及米易全部、雅安地区的石棉和汉源县。主要为山地草甸草地、山地灌草丛草地，海拔2 800~3 800 m的地带以亚高山草甸草地为主。该区分布有蝗虫、黏虫、蚜虫、金龟子、蛴螬、斜纹夜蛾等。区内草原蝗虫约19种，另有29种在内地草山草坡、农田分布的蝗虫在本区也有分布，因而未列其中。斑翅蝗科8种，斑腿蝗科6种，网翅蝗科3种，瘤锥蝗科、锥头蝗科各1种。斑翅蝗科的花胫绿纹蝗、东亚飞蝗主要分布在海拔1 500 m以下干旱河谷灌丛草地和山地灌丛草地；海拔1 500~2 800 m的地带主要以大异距蝗分布广泛，凉山州金屏山的红胫壮蝗为特有种。网翅蝗科的盐源雏蝗和分布于会东县的蓝翅彝蝗为特有品种。斑腿蝗科主要分布在昭觉、宁南、盐源、会理等县，其中昭觉的绿拟裸蝗为特有种。

第二章　草原鼠虫害监测预警技术

第一节　高原鼠兔监测预警技术

一、技术概述

四川省退化草原面积约 1 000 万 hm²，占全省可利用草原面积的 58.0%，草原鼠害面积约 266.7 万 hm²。草原退化主要表现为天然可食牧草比例下降、植被盖度降低、鼠虫害严重、毒害草滋生、土壤裸露与板结化等，严重退化草原逐渐演替为鼠荒地、沙化草原。草原退化主要由超载过牧、滥采乱挖等人为因素和气候变化、灾害等自然因素造成。从发生地域上看，甘孜州草原鼠害面积 186.7 万 hm²，严重危害面积 120 万 hm²；阿坝州草原鼠害面积 75.3 万 hm²，严重危害面积近 33.3 万 hm²；凉山州草原鼠害面积超 6 万 hm²，严重危害面积 3.1 万 hm²。从危害种类上看，高原鼠兔危害面积 173.3 万 hm²，占鼠害总面积的 64.7%，严重危害面积 127.3 万 hm²。

高原鼠兔是青藏高原特有种，主要分布于青藏高原及其毗邻的尼泊尔、印度锡金邦等地。在中国主要分布于西藏、青海、甘肃南部、四川西北部等区域。主要栖居于海拔 3 100～5 100 m 的高寒草甸、高寒草原地区，喜欢选择土壤较为疏松的坡地、河谷阶地、低山丘陵、半阴半阳坡等植被低矮的开阔环境，回避灌丛及植被郁闭度高的环境。鼠类是草原生态系统中的重要成员，是食物链的重要组成部分，而高密度的鼠类活动对草地具有明显的消极作用。鼠类活动主要通过直接消耗牧草和掘土挖洞行为改变草地植物生物量分布及土壤结构和变化过程。啃食牧草将会破坏植被，改变群落结构，影响草地质量；而掘洞行为会破坏土壤环境，改变微地形，导致土壤养分损失，生态系统物质循环失调，逐步形成"黑土滩"和"鼠荒地"。大量的鼠兔聚集也成为鼠疫的传播源。

高原鼠兔是危害川西北草原的主要害鼠，对其进行监测预警是综合治理鼠害的一项基础性工作。通过预测高原鼠兔发生的时间、面积和程度，采取有效措施减轻或防止发生，或采取保护性措施减少损失，变被动灭鼠为主动预防，可克服防治工作的盲目性，节约防治成本，有效保护草原生态环境。高原鼠兔监测预警内容主要包括发生期、发生量与危害损失的监测。

二、关键术语

1. 高原鼠兔

高原鼠兔是一种小型非冬眠的植食性哺乳动物，又称黑唇鼠兔，属兔形目鼠兔科。高原鼠兔身材浑圆，没有尾巴，体色灰褐色。高原鼠兔为青藏高原的特有物种，数量大，多栖息在土壤较为疏松的坡地和河谷栖息在高原地带，因被认为是草场退化的元凶，一直被当作灭杀的对象。

2. 观测区

在高原鼠兔栖息的典型地段设立的用于获取其空间分布和危害等情况的调查区域。

3. 样方

用于调查鼠类种群变化及环境情况而随机设置的一定面积的调查区域。

4. 堵洞开洞法

通过将一定面积内的鼠洞洞口全部堵住，标记计数，24 h 后，记录被鼠类盗开的洞口数，以确定有效洞穴密度的一种调查方法。

5. 有效洞口

有鼠类活动的洞口或鼠类正在使用的洞穴，一般采用堵洞开洞法进行确认。

三、技术特点

1. 适用范围

该监测预警技术规定了高原鼠兔预测预报的内容和方法。适用于青藏高原及其周边各类草地高原鼠兔危害区域的监测预警和危害评估，也适用于藏鼠兔、狭颅鼠兔等的预测预报。

2. 技术优势

通过种群适时监测高原鼠兔的绝对鼠密度、有效洞口数、地上植被生物量等指标，规范高原鼠兔危害分级的鼠情、害情和灾害评估指标，可以划分高原鼠兔的危害等级，客观评价高原鼠兔对草地的危害程度。以此为基础，提出高原鼠兔预警预报，有效实施控害减灾。

四、技术流程

高原鼠兔监测可从监测区域及样方设计两方面入手，包括面积、数量。监测时间上分为越冬前期、繁殖期、越冬后期，对鼠情及害情进行调查，划分危害等级及鼠害预警预报（如图2-1）。

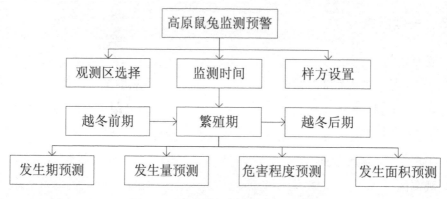

图2-1　高原鼠兔监测预警技术流程

五、技术内容

1. 监测设计

（1）设置观测区与样方

根据川西北牧区草原生态实际，综合考虑高原鼠兔危害区域的植被、地形、交通等因素，选择人类活动影响较少的地段设置观测区。观测区位置应相对固定，应具有代表性，其范围应满足长期取样的需要，穿越调查区主要的地貌单元和草原类型，并有垂直地带差异。以县域为单位进行调查时，每个县观测区设置数量应≥3个。观测区面积应≥50 hm²/个，农牧交错带根据实际环境进行调整。样方设在观测区内，交通方便，距居民点应＞300 m，以圆形样方为宜；一个观测区内样方设置数量应≥3个，样方面积为0.25 hm²/个。

（2）监测时间

每年应在高原鼠兔越冬前（10月上旬至11月上旬）、繁殖期（5~6月）、越冬后（3月下旬至5月上旬）3个时期进行调查，保证监测数据的持续性与科学性。

（3）外部环境调查

通过路线调查、样方调查、群众走访、资料查阅等方法获取影响种群的外部环境因素。

（4）种群调查

①计洞口数法。统计一定面积或路线上鼠洞洞口数量，计算鼠类相对密度。在观测区内随机设置样方，采用堵洞开洞法调查有效洞口数量，并结合洞口系数计算鼠密度，统计时应辨明不同鼠类的洞口。

②样方捕尽法。在设置的高原鼠兔 0.25 hm² 样方内所有洞口布设捕鼠器（同一洞系的洞口超过样方边界也应布设捕鼠器），连续捕打 3 d。每天至少检查 3 次，及时收集捕获的鼠只，并重新放置捕鼠器，将捕获的鼠及时登记测量。

③测量与解剖。通过捕捉鼠只进行观测解剖，获取鼠种、性别、毛色、体重、胴体重、体长、尾长、后足长、耳长、睾丸下降情况及乳头、胃容物、体内寄生虫、睾丸大小、怀孕状况等数据。每个观测区捕捉鼠只数≥30 只。

（5）监测数据分析

①有效洞口密度计算公式：

$$m = h/a$$

式中，m 为有效洞口密度（个/hm²）；h 为有效洞口数量（个）；a 为样方面积（hm²）。

②洞口系数计算公式：

$$d = c/h$$

式中，d 为洞口系数（或有效洞口系数）；c 为样方内捕获的高原鼠兔数量（只）；h 为洞口数量（或有效洞口数量）（个）。

③怀孕率计算公式：

$$r = \frac{n}{f} \times 100\%$$

式中，r 为怀孕率（%）；n 为怀孕母鼠（含怀孕和具子宫斑母鼠）数量（只）；f 为不含幼鼠的雌鼠总数（只）。

④平均胎仔数计算公式：

$$\bar{e} = \frac{t}{f}$$

式中，$\bar{e}$ 为平均胎仔数（只）；t 为雌鼠胚胎（含子宫斑）总数（只）；f 为参加繁殖的雌鼠总数（只）。

⑤死亡率计算公式：

$$m = \left(1 - \frac{w - s}{w}\right) \times 100\%$$

式中，m 为死亡率（%）；w 为越冬前样方内捕尽的鼠总数（只）；s 为越冬后样方内捕尽的鼠总数（只）。

2. 危害损失预警

用采食量测算法或样方对照法进行估测。

（1）采食量测算法

在害鼠轻度危害的情况下，可将采食量视为害鼠造成的牧草损失总量。其公式为：

$$Q = C \times M \times Me$$

式中，Q 为害鼠一年造成的青牧草损失总量；C 为 1 只鼠兔 1 年的采食量（日食量 77.3 g），约为 28.21 kg；M 为害鼠危害面积（hm^2）；Me 为单位面积上的害鼠密度，即预测的害鼠级别相应的数量。

在中度和重度危害的情况下，除采食外，尚需考虑因危害造成的减产量及害鼠推出土丘覆盖草地、鼠洞、跑道等造成植被的损失。经多年测定，高原鼠兔应加采食量的 6.5%。则其公式为：

$$Q = C \times M \times Me \times (1 + 6.5\%)$$

（2）样方对照法

可用非鼠害区与鼠害区（同类型、同等级草地）单位面积产草量对比，求得害鼠危害损失。样方面积为 1.0 hm^2，样方数量 ≥30 个。其公式为：

$$Q = \sum x_1/n - \sum x_2/n$$

式中，Q 为单位面积害鼠危害牧草损失量；$\sum x_1/n$ 为未危害区单位面积上的产草量；$\sum x_2/n$ 为危害区单位面积上的产草量；n 为样方数（应 ≥30 个）。

3. 发生期预测

高原鼠兔为全年活动危害的种类，喜食幼嫩、多汁优良牧草，种群数量变动属于单峰型，每年秋季（8月份）种群数量达到最高峰，次年春末繁殖前（3~4月）种群数量降到最低点，其间数量变化可达 10 倍以上。为此，可监测其食性与活动习性，对发生期进行预测，从而确定最佳的防治时期。

监测发现，在牧草生长期采用毒饵法防治高原鼠兔，毒饵采食率低，防治效果不佳；四川高寒牧区毒饵法防治害鼠一般在冬春枯草期至害鼠大量繁殖前进行，即当年 11 月至次年 3~4 月为宜。灾害性气候是造成高原鼠兔越冬大量死亡的原因，若初春繁殖前期出现持续降雪及冰冻，往往造成初生幼鼠成活率低下，从而导致种群数量锐减。

4. 发生量预测

高原鼠兔种群发生数量预测采用一元线性回归预测模型，即有效基数预测法，综合考虑繁殖、死亡、迁徙等因素。具体公式如下：

$$p = \gamma \times p_0 + p_0 \times f/(f+m) \times b \times e \times s$$

式中，p 为当年夏末秋初预测发生量；γ 为因寿命因子损失后的理论存留率，平均为 0.57；p_0 为越冬后存留基数；f 为雌鼠总数；m 为雄鼠总数；$f/(f+m)$ 为雌鼠占总数比例，平均为 53.4%；b 为怀孕率，平均为 87.5%；e 为平均胎仔数，为 3~4 只；s 为成活率，平均为 75.0%。

据此，测报公式简化如下：

$$P = 0.57p_0 + p_0 \times 4 \times 53.4\% \times 87.5\% \times 75.0\%$$

注意：上述参数系根据石渠、色达等高原鼠兔测报站长期监测所反馈的数据，属经验值，各地由于海拔、土壤、气候、植被类型不同，难免有一定误差，各测报站在实际调查与测报工作中，根据实地所测报的数据，逐步修正各个参数值，以提高对草原鼠害测报工作的准确率。

5. 危害分级标准

- 1 级——轻度发生　有效洞口密度 <150 个/hm²，牧草损失率 <5.0%。
- 2 级——轻度危害　有效洞口密度 150~550 个/hm²，牧草损失率 5.0%~15.0%。
- 3 级——中度危害　有效洞口密度 550~1 500 个/hm²，牧草损失率 15.0%~25.0%。
- 4 级——严重危害　有效洞口密度 1 500~3 000 个/hm²，牧草损失率 25.0%~45.0%。
- 5 级——极度危害　有效洞口密度 ≥3 000 个/hm²，牧草损失率 ≥45.0%。

六、应用案例

2018 年 4 月，在甘孜州色达县色柯镇定点监测的观测区内选择 3 个代表性样方，另外选择 1 个捕尽样方，利用夹日法，连续安置 3 d，将样方内鼠兔捕尽，并将捕获的鼠兔进行解剖观察。调查观测区内洞口系数，获取高原鼠兔种群大量繁殖之前的越冬存活率及年龄结构、性比和参加繁殖鼠在种群中所占比例。

通过观测区内 3 个以上代表性样方测得平均有效洞口数（991 个/hm²）；测得捕尽样方内有效洞口 200 个，捕获鼠 22 只，其中，雌鼠 13 只（11 只妊娠，平均胚斑数或胎仔数 4 个），即可求出洞口系数为 0.11，越冬后存留基数 109 只/hm²，雌鼠比例 59.1%，每只雌鼠平均胎仔数 4 只，雌鼠怀孕率为 84.6%。幼鼠成活率需要根据 2017 年冬季数量相结合来获取，一般在没有大的自然灾害或种群大的变动下，常用 75.0%。通过公式 $P = 0.57 \times 109 + 109 \times 4 \times 59.1\% \times 84.6\% \times 75.0\%$ 计算，预警色达县色柯镇冬春草地 2018 年 8 月高原鼠兔危害将达到高峰期，种群密度将达 226 只/hm²。

七、注意事项

1. 鼠害预警预报

根据预测模型结合气象等因素，形成鼠情趋势分析报告。鼠情报告内容应包括发生区域、发生面积、危害程度、可能造成的损失、防治建议和对策措施等。

预测结果应向本级政府及上级专业管理部门定期、逐级、实时上报，必要时在当地政府的授权下向当地群众通报。当预测可能发生重大灾情时，应随时向当地政府和上级业务主管部门报告。

2. 数据管理

野外调查的原始记录必须完整、清楚，使用铅笔记录，不得涂改，记录有误时应在错误的地方画线，再将正确的内容填在旁边；每次调查结束后，应及时复核、汇总，将调查数据及时填入相应表格内；数据资料一式三份进行归档保存，并制作相应的电子文档，数据应由专人管理。

第二节　高原鼢鼠监测预警技术

一、技术概述

高原鼢鼠是青藏高原特有鼠种，营地下生活，主要分布在青藏高原高寒草甸、高寒灌丛和高寒草原区。近年来，受人为因素和气候变化的影响，青藏高原部分地区高原鼢鼠种群密度上升，打破了原有处于动态的草—鼠平衡，导致草原植被生产力下降，生物多样性丧失，水土流失加重。在害鼠严重危害区，土壤有机质和土壤母质被推到地表经风蚀以后逐渐形成次生裸地（鼠荒地、黑土滩），严重威胁着草地生态环境安全。高原鼢鼠从发生地域上看，主要分布在甘孜州、阿坝州，危害面积近 58.7 万 hm^2，占鼠害总面积的 22.0%，严重危害面积 25.7 万 hm^2。

但是，高原鼢鼠也是青藏高原生物多样性的重要组成部分，在草地生态系统食物网及其相应的能量流通和物质循环中有其独特的地位，是高寒草甸生态系统中的"生物工程师"。高原鼢鼠在草原生态系统中的多重属性，对草原保护工作提出了更高的挑战。因此，对高原鼢鼠种群动态、危害情况进行及时、准确的监测，探索种群变化规律和危害特征，提出科学的预警措施和防治对策，是各地草原行政主管部门制定高原鼢鼠防治决策的依据，也是指导各地草原技术部门科学开展高原鼢鼠防控的重要基础。

二、关键术语

1. 高原鼢鼠

属啮齿目、鼹形鼠科、鼢鼠亚科、鼢鼠属、凸颅鼢鼠亚属。体型粗壮，体长 200.0 ~ 300.0 mm，体重 120.0 ~ 700.0 g。吻短，耳壳退化，眼小，鼻垫呈三叶形，尾及后足上面覆以密毛。前足趾爪发达，适于地下挖掘活动，被毛柔软具光泽，成体毛色头向看呈灰棕色，尾向看呈暗赭棕色。高原鼢鼠是海拔 2 800 ~ 4 200 m 农田、高寒草甸和高寒草原的主要优势种害鼠之一。

2. 高原鼢鼠危害

高原鼢鼠在觅食和繁殖过程中，其挖掘行为对草地植被、土壤、微地貌等造成的危害性影响，是一种重要的生物灾害，也是人们对其破坏草地生态系统负面作用性质的定位。

3. 危害等级

危害等级是根据高原鼢鼠的危害特点，以表征危害程度的几个主要指标，按照特定调查统计方法，并按从轻到重顺序划分的危害程度梯度。

4. 预测预报

根据高原害鼠危害发展变化的客观过程及所表现出的规律性，运用适当的方法对鼠害发生期、发生量、迁移量、灾害程度所作的一种科学分析、估算和推断叫作预测。通过预测，对鼠害未来的发生时期、种群数量和危害程度等给出一个分析结果，并将分析结果提前向有关领导和灭鼠工作人员提出报告，使灭鼠工作有目的、有计划、有重点地进行，这个过程就叫作预报。

三、技术特点

1. 适用范围

该监测预警技术适用于青藏高原及其周边各类草地高原鼢鼠危害区域的监测预警和危害评估，也适用于同区域其他鼢鼠（甘肃鼢鼠、中华鼢鼠、斯氏鼢鼠、罗氏鼢鼠）的监测预警。

2. 技术优势

通过种群适时监测高原鼢鼠的年龄结构、绝对鼠密度、土丘数、地上植被生物量等指标，规范高原鼢鼠危害分级的鼠情、害情和灾害评估指标，可以划分高原鼢鼠的危害等级，客观评价高原鼢鼠对草地危害程度。以此为基础，提出高原鼢鼠预警预报，有效实施控害减灾。

四、技术流程

高原鼢鼠监测可从监测区域及样方设计两方面入手，包括面积、数量。监测时间上分为繁殖期、活跃期、越冬期；监测的指标有：绝对鼠密度、新土丘面积、土丘数、年龄结构、植被特征；对鼠情及害情进行调查，划分危害等级及鼠害预警预报（如图 2 - 2）。

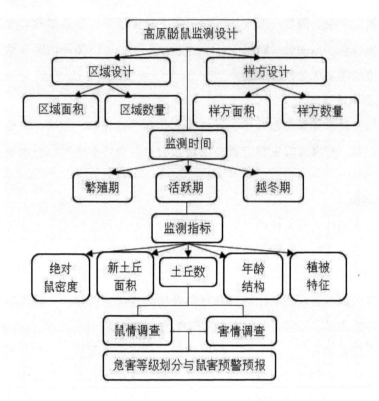

图 2 - 2 高原鼢鼠危害等级划分与鼠害预警预报流程

五、技术内容

1. 监测设计

（1）观测区设置

①设置要求。观测区应综合考虑植被、地形等因素，设置在交通方便、受人类活动影响较少、位置相对稳定并具有代表性草地类型的高原鼢鼠危害发生的典型区域。观测区地点和面积应满足长期监测取样的需要。

②设置数量和方法。以县为单位进行调查时，每个县观测区设置数量应≥3个。观测区设置以本县区域内有高原鼢鼠危害且具代表性的草地类型为主。如果县域内草地类型一致，则根据有高原鼢鼠危害且具代表性的地形地貌或具代表性的畜牧生产区域设置。

③设置面积。观测区面积应≥60 hm²/个，农牧交错带根据实际情况进行调整。

（2）样方设置

①设置要求。设在观测区内，交通方便，以圆形、方形或条带形为宜。样方设置必须固定位置，并用水泥桩标记四至界限，以利于长期定位监测。

②多重抽样设置。采用 3 级抽样技术：一级样方面积一般为 3.0 hm²，用于调查绝对密度和总土丘数；在一级样方内抽取二级样方，样方面积为 1.0 hm²，用于调查草植被破坏的生草面积（新土丘面积）、土壤理化性质；在二级样方内抽取三级样方，样方面积为 0.25 hm²，用于调查植物群落结构、地上生物量和可食牧草产量。一个观测区内样方设置数量应≥3 个。

（3）调查时间

分别于每年的第一主害期（4~5 月）和第二主害期（9~10 月）各调查 1 次，取 2 次调查结果的平均值作为划分全年危害等级的指标之一。鉴于某些地区鼢鼠在春季和秋季危害程度差异较大，需要分时段划分危害等级时，可分别采用第一主害期和第二主害期调查数据作为相应时段的评估指标之一。

（4）监测内容

①栖息地特征调查。调查内容包括高原鼢鼠栖息区的地理位置、地形地貌、坡向、土壤理化性质、植被群落结构和生产力、气候、天敌等外部因素。其中，主要指标包括土壤理化性质、植被群落结构、地上生物量和可食牧草产量。

●土壤理化性质　包括土壤紧实度、容重、含水量。

●土壤紧实度　又称土壤硬度或土壤穿透阻力。一般用金属柱塞或探针压入土壤时的阻力表示（单位为 Pa）。

●土壤容重　指一定容积的土壤（包括土粒及粒间的孔隙）烘干后的重量与同容积水重的比值。

●土壤含水量　指土壤中所含水分的数量。一般是指土壤绝对含水量，即 100.0 g 烘干土中含有若干克水分，也称土壤含水率。

●植物群落结构　包括分种植物的物种数、高度、盖度、频度、生物量。

●地上生物量（kg/hm²）　指单位面积内实存生活植物地上部分的干重总量，烘干称重，不少于 3 个样地取样，每个样地取样不少于 3 个重复。

●可食牧草产量（kg/hm²）　可食牧草指家畜选择性采食的牧草，可食牧草产量主要为禾本科、莎草科和部分豆科植物（含饲用灌木之嫩枝叶）地上部的产量。烘干称重，不少于 3 个样地取样，每个样地取样不少于 3 个重复。

②种群特征调查。包括种群数量、鼠类年龄结构、雌雄比，以及繁殖强度的调查。

●种群数量　绝对鼠密度（只/hm²）是单位面积内的高原鼢鼠种群数量。在一级监测样方内采用弓箭或弓形夹连续捕获，直至捕不到鼠并确认基本捕尽时为止。

●年龄结构　鼠类年龄结构是计算各年龄组存活率与繁殖能力的主要参数，通过定面积捕尽法获得。鼠类年龄依靠胴体重（即去掉全部内脏后的体重）或臼齿磨损程度或颅骨骨缝愈合程度判断，必要时采用其他方法判断。

高原鼢鼠可通过3种方法确定年龄：胴体重、臼齿磨损程度和头骨颅骨骨缝的愈合程度。其中胴体重的划分依据如下：

胴体重（去掉全部内脏后的体重，下同）＜35.0 g为幼体；35.0～80.0 g为亚成体（4月除外）；81.0～250.0 g为成体I（4月份120.0～250.0 g）；＞250.0 g为成体II。

●性比　记录每月捕获的雌性个体数与雄性个体数之比。

●繁殖强度　雄性繁殖强度：解剖所获得的雄性个体标本，用游标卡尺逐一测量其睾丸的长和宽，用电子分析天平测量其睾丸的重量（此处指质量，下同），以睾丸重量与其体重的比值和睾丸大小表示雄性繁殖强度。雌性繁殖强度：观察记录其怀仔胎数并计算其妊娠率。

③害情调查。包括土丘、土丘数的调查。

●土丘调查　按照土丘现成年限及其对草地的影响程度，将土丘划分为3个类型：新鼠丘（当年形成）、半新鼠丘（1～2年形成）和旧鼠丘（形成在3年以上）。在判断鼠丘类型时，主要以鼠丘的土壤状况、植被盖度和植物种类组成为依据，其中，新鼠丘土壤疏松，有龟裂，基本无植被；半新鼠丘土壤较疏松，植被盖度大于20.0%，一年生植物约占90.0%以上；旧鼠丘土壤紧实，植被盖度大于60.0%，一年生植物比例小于10.0%。

●土丘数　总土丘数是单位面积内所有土丘数（个/hm²），包括新土丘数（当年形成）（个/hm²）、半新土丘数（1～2年内形成）（个/hm²）和旧土丘数（形成3年以上）（个/hm²）。其中，总土丘数与绝对鼠密度呈极显著的相关关系。春季和秋季新土丘数可分别反映出对当年和来年草地生产和生态功能的影响。土丘数量调查采用计数法，即将调查人员依据土丘类型分成3组，每组手持计数器，在调查区域内按土丘类型分别计数统计。每土丘调查后留下标记以防止重复计数或漏数。

●新土丘面积　新土丘面积与被破坏的生草层面积呈极显著的正相关关系。新土丘面积(m²/hm²)是指每个新土丘的表面积与新土丘数的乘积。土丘表面积的计算公式：

$$S = 2\pi RH$$

式中，S为新土丘表面积；R为新土丘半径；H为新土丘高度。

其调查方法：在一级样方内调查完土丘数后，测量新土丘半径（R）和高度（H），调查新土丘面积，其中土丘直径以通过土丘中心点的最长和最短直径的平均数表示，高度为地面与丘顶的垂直距离。视情况设置3～5个重复。

（5）危害等级划分及对应的主要防控策略

危害等级按危害程度从轻到重排序，危害等级划分标准见表2-1。

表2-1　高原鼢鼠危害等级划分标准

危害等级	绝对密度 /（只·hm^{-2}）	新土丘数 /（个·hm^{-2}）	新土丘面积占草地面积/%	地上生物量 /（kg·hm^{-2}）	可食牧草产量 /（kg·hm^{-2}）
I	5～15	60～90	<1.5	>3 019.0	>1 646.4
II	16～30	91～130	1.5～2.0	3 019.0～2 565.8	1 646.4～1 151.3
III	31～60	131～180	2.0～3.0	2 565.8～627.3	1 151.3～412.7
IV	>60	>180	>3.0	<627.3	<412.7

●I级——轻度危害　加强监测，注意动态变化；以防为主，防治结合；采取围栏封育草地等措施促进植被恢复以改变高原鼢鼠栖息环境，遏制其种群数量增长势头，进行一般防治。

●II级——中度危害　繁殖基数较大，种群增长较快；强化检测，拟采取全面防控措施进行重点防治，预防危害等级升级；要求将种群数量控制到危害的临界密度或经济损害水平以下。

●III级——重度危害　危害等级已达准IV级，随时可演变成鼠荒地；拟作为重点防控对象，采取综合防治措施进行连续、连片防治，特别重视对储备地害鼠防治；同时采取草地补播、培育、改良等农业措施，改造秃斑（黑土滩、鼠荒地），促进草地植被恢复。

●IV级——极度危害　害鼠已破坏了自身生存环境，故鼠情较轻，害情较重；拟采取一般防控措施控制种群数量，加强对储备地扫残；重点是治理鼠荒地。

（6）鼠害预警预报

以高原鼢鼠危害等级划分为基础，适时监测种群数量动态特征，结合不同地理环境特点，分析影响种群密度变化的重要影响因素，探索种群动态规律，形成鼠情趋势分析报告；根据实际需要，作短期预报、中期预报和长期预报，春季主要进行当年中期预报，秋季主要进行长期预报。根据预测模型结合气象等因素，形成鼠情趋势分析报告。鼠情报告内容应包括发生区域、发生面积、危害程度、可能造成的损失、防治建议和对策措施等。预测结果应向本级政府及上级专业管理部门定期、逐级、实时上报，必要时在当地政府的授权下向当地群众通报。当预测可能发生重大灾情时，应随时向当地政府和上级业务主管部门报告。

（7）数据管理

野外调查的原始记录必须完整、清楚，使用铅笔记录，不得涂改，记录有误时应在错误的地方画线，再将正确的内容填在旁边；每次调查结束后，应及时复核、汇总，将调查数据及时填入相应表格内；数据资料一式三份进行归档保存，并制作相应的电子文档，数据应由专人管理；资料的公布权限和解释归同级专业管理部门。

第三节　高山姬鼠监测预警技术

一、技术概述

高山姬鼠是中国特有鼠种，主要分布在云南、贵州、四川、甘肃等省高山和二半山草地、灌丛草地及林缘和农田周边，是海拔 2 500～4 200 m 的山地草甸、高寒草甸、高寒灌丛草甸和农田的主要优势种害鼠之一。近年来，受人为因素和气候变化的影响，川西南地区高姬鼠种群密度上升，打破了原有的草—鼠动态平衡，导致草原生产力下降，生物多样性丧失，水土流失加重。在鼠害严重危害区，土壤有机质和土壤母质被推到地表经风蚀以后逐渐沙化，严重威胁着草地生态环境安全。对高山姬鼠种群动态、危害情况进行及时、准确的监测，探索种群变化规律和危害特征，提出科学的预警措施和防治对策，是各地草原行政主管部门制定高姬鼠防治决策的依据，也是指导各地草原技术部门科学开展高山姬鼠防控的重要基础。

高山姬鼠广泛分布于四川盆周山区，对主要农业区，即盆地农业区影响不大，却在川西南地区成为主要农田害鼠。高山姬鼠属中型鼠，这类害鼠具有暴发危害的潜力，川西南地区高山姬鼠经调查具有年增长 16 倍的潜力，而且在凉山州雷波、普格等地大量发生，可造成田块 80.0% 的损失，已呈暴发之态，不可不治。高山姬鼠的年数量变动呈单峰型，高峰在 10 月，数量的变化与种群繁殖力直接相关，因此，控制高峰的最佳时期应是鼠群繁殖增加的时期，即春季 3 月前后。高山姬鼠是少数可分布于纯农区、农林交接区、次生林区和原始森林区的鼠种之一。经调查可看出，在不同的环境下，不同的鼠群中该鼠处于截然不同的危害状态，即无危害、轻危害到暴发危害，并与害鼠群落的多样性有明显的关系。

二、关键术语

1. 高山姬鼠

高山姬鼠为啮齿目、鼠科、姬鼠属害鼠。属中型鼠类，尾较光滑细长与体长成正比，雌鼠体形略大于雄鼠。体背面无黑色纵纹，呈深暗黄褐色，黑毛较多，分布均匀，毛基深灰。体腹面污灰白色，毛尖白微带土黄色，毛基灰色，体侧毛色界线不甚明显。耳小，毛色似周围部分。尾背面暗褐色，腹面白色，但腹背界线不清。前、后足背面均呈灰色。乳头胸、腹部各 2 对。全身体毛柔软，呈青灰色，背中部毛色较深，但绝不形成黑色纹（黑线），此点可与黑线姬鼠区别，腹部毛色灰白，背腹无明显界线。鼻骨前端超出前颌骨前端和上门齿，但其后端平直，中间稍为凹入，约与前颌骨后端相齐。门齿孔达第一上臼齿前缘基部。第三上臼齿内侧具两个齿叶。第二上臼齿缺前外齿突，后外齿突退化，仅呈现为 1 个小齿突。内侧有三个明显齿突，最前面一个内齿突退化。第一上臼齿外侧有四个齿突。

2. 夹夜法

夹夜法是鼠类监测中常用且使用范围比较广的鼠密度监测方法，监测工具为不同型号的老鼠夹，利用鼠类取食诱饵的机械力，触发老鼠夹从而捕获鼠类。1 个鼠夹经过一个夜晚的捕获时间，称为 1 个夹夜。

三、技术特点

1. 适用范围

该监测预警技术适用于川西南地区及其周边各类草地高山姬鼠危害区域的监测预警和危害评估，也适用于同区域玉龙绒鼠、黑线姬鼠、中华姬鼠等的监测预警。

2. 技术优势

通过适时监测高山姬鼠种群的年龄结构、绝对鼠密度、土丘数、植被地上生物量等指标，划分高山姬鼠的危害等级，客观评价高山姬鼠对草地危害程度，提出高山姬鼠的防治对策。

四、技术流程

高山姬鼠监测可从区域监测和样方监测两方面入手，包括面积、数量。监测时间分为繁殖期、活跃期、越冬期；监测指标有：鼠密度、有效洞口数、年龄结构、性比、植被特征；及时掌握鼠情及危害状况，划分危害等级及鼠害预警预报；采取不同的防治对策，开展灭效评价（如图 2-3）。

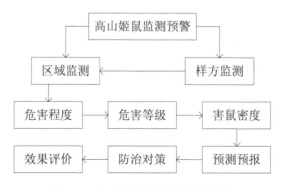

图 2-3 高山姬鼠监测预警技术流程

五、技术内容

1. 监测设计

（1）观测区设置

①设置要求。观测区应综合考虑植被、地形等因素，设置在交通方便、受人类活动影响较少、位置相对稳定并具有代表性草地类型的高山姬鼠危害发生的典型区域。观测区地点和面积应满足长期监测取样的需要。

②设置方法和数量。观测区设置以本县区域内有高山姬鼠危害且具有代表性的草地类型为主。如果县域内草地类型一致，则根据有高山姬鼠危害且具代表性的地形地貌或代表性的畜牧生产区域设置。以县为单位进行调查时，每个县观测区设置数量应≥3个。

③设置面积。观测区面积应≥60 hm²/个，农牧交错带根据实际情况进行调整。

（2）样方设置

①设置要求。设在观测区内，交通方便，样方设置以圆形、方形或条带形为宜。样方设置必须固定位置，并用水泥桩标记四至界限，以利于长期定位监测。

②调查面积。观测区内基本调查单位面积为 0.25 hm²（根据具体情况可调整为 0.5 hm² 或 1.0 hm²，调整后的面积应在记录表中注明）。1 个观测区每次调查面积不少于 3 个基本调查单位。2 个样方之间的距离应相隔 50.0 m 以上。

（3）调查时间

在每年的 3 月、9 月各调查 1 次，取 2 次调查结果的平均值作为划分全年危害等级的指标之一。

（4）调查方法

①夹夜法

●调查工具　7.0 cm×17.0 cm 或 6.5 cm×12.0 cm 木板夹或铁板夹。

●调查饵料　玉米或生花生仁。

●置夹方法　采用直线或曲线排列，夹行距 5.0 m×50.0 m 或 10.0 m×25.0 m，特殊地形可适当调整夹距。

●置夹位置　新开洞口周围、地埂、土坎、路旁及鼠类经常活动的地方，置夹路线上下、左右移动，以免鼠类拒夹。

●置夹数量　每月在草地、灌丛草地两种生境类型，分别置夹 200 夹夜以上，共计不少于 400 夹夜。

●置夹时间　每月上、中旬（5~15 d），选择晴朗天气，傍晚放清晨收。

②计洞口数法。观测区内确定取样地点，用圆形或方形采样方式统计其中的洞口数量。密度调查采用堵洞开洞法。调查第一天将选定的调查基本单位中所有的洞口堵住。第二天（至少应经过 1 个鼠的活动高峰期），再计数其中被鼠掏开的洞口数，被鼠掏开的洞口为有效洞口。

2. 监测内容

（1）栖息地特征调查

此调查包括高山姬鼠栖息区的地理位置、地形地貌、坡向、土壤理化性质、植被群落结构和生产力、气候、天敌等外部因素。其中，主要指标包括土壤理化性质、植被群落结构、地上生物量和可食牧草产量。

●土壤理化性质　包括土壤紧实度、容重、含水量。

●土壤紧实度　又称土壤硬度或土壤穿透阻力。一般用金属柱塞或探针压入土壤时的阻力表示（单位为 Pa）。

●土壤容重　指一定容积的土壤（包括土粒及粒间的孔隙）烘干后的重量与同容积水重的比值。

●土壤含水量　指土壤中所含水分的数量。一般是指土壤绝对含水量，即 100.0 g 烘干土中含有若干克水分，也称土壤含水率。

●植物群落结构　包括分种植物的物种数、高度、盖度、频度、生物量。

●地上生物量（kg/hm^2）　指单位面积内实存生活植物地上部分的干重总量。烘干称重，不少于 5 个重复。

●可食牧草产量（kg/hm^2）　草地可食牧草指家畜选择性采食的牧草，其产草量主要为禾本科、莎草科和部分豆科植物（含饲用灌木之嫩枝叶）地上部的产量。烘干称重，不少于 5 个重复。

（2）形态特征

对捕获鼠类进行编号，鉴定性别，外部形态指标测量和解剖观察，并将调查数据填入形态特征及繁殖状况调查记录表。

（3）鼠密度

调查鼠密度的方法有两种，分别是捕获法和计洞口数法。

①捕获法。若干数量的鼠夹放置一夜，捕鼠数量折合的百分率。其计算公式为：

$$捕获率 = \frac{捕鼠数}{置夹数} \times 100\%$$

②计洞口数法。单位面积堵洞 24 h 后掘开洞口数。

$$有效洞口密度（个/hm^2）= \frac{有效洞口数（个）}{面积（hm^2）}$$

$$洞口系数 = \frac{单位面积捕鼠数}{单位面积洞口数（或有效洞口数）}$$

（4）种群繁殖特征

解剖雌鼠胎仔数、观察雄鼠睾丸下降到阴囊情况。计算种群性比、怀孕率、平均胎仔数、睾丸下降率。

①种群性比。记录每月捕获的雌性个体数与雄性个体数之比。

$$种群性比 = \frac{雌鼠数}{雄鼠数} \times 100\%$$

②怀孕率。怀孕的雌鼠数占总捕获雌鼠数的百分比。

$$怀孕率 = \frac{怀孕鼠数}{雌鼠数} \times 100\%$$

③平均胎仔数。每只怀孕鼠平均每胎胎仔的只数。

$$平均胎仔数 = \frac{总胎仔数}{怀孕鼠数}（只）$$

④睾丸下降率。睾丸下降到阴囊的雄鼠数占总捕获雄鼠数的百分比。

$$睾丸下降率 = \frac{睾丸下降鼠数}{雄鼠数} \times 100\%$$

（5）年龄结构

种群年龄划分为幼年组、亚成年组、成年Ⅰ组、成年Ⅱ组、老年组 5 个年龄组。年龄鉴定采用体重法或胴体重法，种群年龄划分标准见表 2-2。

表 2-2　种群年龄划分标准

年龄鉴定指标	年龄组				
	幼年组	亚成年组	成年Ⅰ组	成年Ⅱ组	老年组
体重/g	≤18.0	18.1~22.0	22.1~27.0	27.1~32.0	>32.0
胴体重/g	≤12.0	12.0~16.0	16.1~20.0	20.1~24.0	>24.0

（6）危害等级划分及对应的主要防控策略

危害等级按危害程度从轻到重顺序，危害等级划分标准见表 2-3。

表2-3　高山姬鼠危害等级划分标准

危害等级	I	II	III	IV
捕获率/%	<5.00	5.01~10.00	10.01~15.00	>15.00
有效洞口/(个·hm⁻²)	150~500	501~1000	1001~1500	>1500

●I级——轻度危害　加强监测,注意动态变化;以防为主,防治结合;采取围栏封育草地等措施促进植被恢复以改变高山姬鼠栖息环境,遏制其种群数量增长势头;进行一般防治。

●II级——中度危害　繁殖基数较大,种群增长较快;强化检测,拟采取全面防控措施进行重点防治,预防危害等级升级;要求将种群数量控制到危害的临界密度或经济损害水平以下。

●III级——重度危害　危害等级已达准IV级,随时可演变成鼠荒地;拟作为重点防控对象,采取综合防治措施进行连续、连片防治,特别重视对储备地害鼠防治;同时采取草地补播、培育、改良等农业措施,改造秃斑(黑土滩、鼠荒地),促进草地植被恢复。

●IV级——极度危害　害鼠已破坏了自身生存环境,故鼠情较轻,害情较重;拟采取一般防控措施控制种群数量,加强对储备地扫残;重点是治理鼠荒地。

(7) 鼠害预警预报

以高山姬鼠危害等级划分为基础,适时监测种群数量动态特征,结合不同地理环境特点,分析影响种群密度变化的重要影响因素,探索种群动态规律,形成鼠情趋势分析报告;根据实际需要,作短期预报、中期预报和长期预报,春季主要进行当年中期预报,秋季主要进行长期预报。鼠情报告内容应包括发生区域、发生面积、危害程度、可能造成的损失、防治建议和对策措施等。预测结果应向本级政府及上级专业管理部门定期、逐级、实时上报,必要时在当地政府的授权下向当地群众通报。当预测可能发生重大灾情时,应随时向当地政府和上级业务主管部门报告。

(8) 数据管理

野外调查的原始记录必须完整、清楚,使用铅笔记录,不得涂改,记录有误时应在错误的地方画线,再将正确的内容填在旁边;每次调查结束后,应及时复核、汇总,将调查数据及时填入相应表格内;数据资料一式三份进行归档保存,并制作相应的电子文档,数据应由专人管理;资料的公布权限和解释归同级专业管理部门。

第四节 西藏飞蝗监测预警技术

一、技术概述

西藏飞蝗属直翅目斑翅蝗科，是我国发生的三大飞蝗之一，主要分布于西藏西部、东部和四川西北部等高原地区，常发区草原面积约 8.0 万 hm^2。20 世纪 70～90 年代，西藏飞蝗先后在西藏的林芝、米林、白朗、拉萨、林周、达孜等地暴发，2006 年在四川甘孜州石渠、甘孜县和西藏阿里、昌都江达县等地区出现高密度群体。四川省西藏飞蝗在四川、西藏、青海三省（自治区）接合部及沿金沙江、雅砻江、大渡河及其支流的河谷地带发生与危害，常发区草原面积约 7.0 万 hm^2，严重危害面积 3.1 万 hm^2。由于历史上飞蝗曾造成农业的毁灭性灾害，国家对西藏飞蝗的监测与防控工作非常重视，蝗情监测预警和综合防控工作是草原植保工作的首要任务。

西藏飞蝗监测预警工作的主要内容和目的：①掌握飞蝗发生动态规律及其生物学特性；②掌握飞蝗蝗区的生态地理特征及形成、演变和转化规律，以及它们对飞蝗数量变动和空间分布的综合作用。近年来，我国依靠草原技术推广体系，形成了"固定监测点＋线路调查＋农牧民测报员常年观测"的监测预警工作机制，减少了草原蝗虫灾害监测盲点，提高了预测预报的准确性和时效性，同时制定了行业规范《草原蝗虫宜生区与监测技术导则》，推进了应用现代技术开展西藏飞蝗监测预警工作的进程。

二、技术特点

西藏飞蝗监测预警技术是根据西藏飞蝗的生活习性和在全国的分布特点，经过多年来各地探索和总结形成的一套适用草原蝗虫监测与防治工作的流程和方法，具有针对性强、简便实用、易推广的特点。通过典型区域的长期观测和面上的路线调查，既能掌握西藏飞蝗的发生期、发生密度和危害期，又能预测西藏飞蝗的发生区域和扩散蔓延动向，依此确定最佳防治时间、防治范围及应采取的措施，为西藏飞蝗防控工作提供有力的支撑。

三、技术流程

在西藏飞蝗常发区设置固定监测点，监测草原西藏飞蝗蝗卵发育、出土时间、龄期、密度、产卵等动态变化，调查时间为卵期 4～5 月、蝗蝻/幼虫期 5～8 月、成虫期

7~9月。根据西藏飞蝗发生特点和变化趋势，在新增发生区、种群消减区和危害程度变化大的区域，设置调查路线进行核实。收集土壤温度、降雨量、空气温湿度、天敌种类数量等数据，结合西藏飞蝗调查数据进行分析，对来年西藏飞蝗发生期、发生量、危害程度及发生面积进行预警预测。西藏飞蝗监测预警技术流程见图2-4。

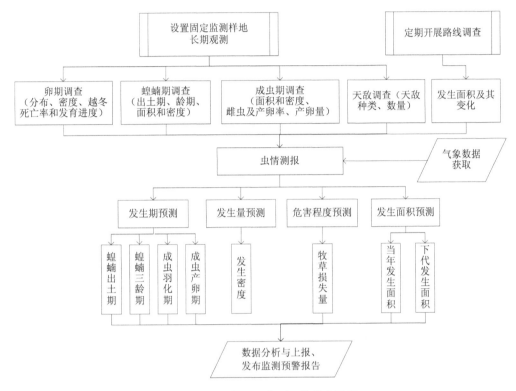

图2-4 西藏飞蝗监测预警技术流程

四、技术内容

1. 监测区域设置

（1）固定监测

在草原害虫常发区设立位置相对固定、能代表当地草原平均状况的监测样地，面积不小于100 hm²，且设立后位置不得随意变更，在样地内对草原害虫的生长发育（卵期、幼虫期、蛹与成虫期）及其生态环境进行系统观测登记。

（2）路线调查

在草原害虫发生区域规划调查线路。线路应穿越区域内主要的地貌单元和草原类型，若垂直变化明显还应在垂直方向设置调查线路，按照线路对草原害虫的发生面积、发生程度、发育进度、天敌等进行调查。

2. 发生期预测

（1）调查时到卵孵化出土所需天数预测

分别选择不同草地类型，每一类型内随机抽样，在野外挖卵 5~10 块，到室内选择 100 卵粒用 10.0% 漂白粉液溶解 2~3 min，待卵溶解后，用清水漂洗，然后把蝗卵取出放在手电筒灯罩上，透过灯光用放大镜即可看出胚胎发育期，可粗略地将胚胎发育分为 4 个时期（见表 2-4）。

表 2-4　西藏飞蝗蝗卵胚胎发育进度分期标准

发育期	形态特征
原头期	胚胎尚未发育，破壳后，用肉眼不易在卵浆中找到胚胎
胚转期	胚胎开始发育，破壳后，用肉眼可以看到有一个小芝麻大小的白色胚胎
显节期	胚胎已形成，个体较大，几乎充满整个卵壳，眼点、腹部及足很明显，后两者已分节
胚熟期	胚胎发育完成，体呈红褐色至褐色，待孵化

根据检查结果，将发育天数相同的蝗块并为一组，分别标出各组百分比，然后再根据挖卵以后 10 d 内，当地 5.0 cm 深的土壤平均温度（可根据气象预报资料，没有的就参考历年同期地温记录），用下列算式推算出蝗卵孵化期（由检查时至孵化所需天数）。

参照蝗卵发育有效积温，结合当地气候条件，采用有效积温法预测，按照以下公式计算：

$$D_t = \frac{179.1 - (14.2 \times d)}{t_1 - 14.2}$$

式中，D_t 为调查时至卵孵化出土所需的天数（d）；179.1 为西藏飞蝗蝗卵胚胎发育的有效积温（℃）；14.2 为西藏飞蝗蝗卵胚胎发育的起点温度（已完成发育以 14.2℃ 计算）（℃）；d 为已完成发育的天数（d）；t_1 为调查时未来 10 d 内 5.0 cm 深的旬平均地温[①]。

调查时未来 10 d 内 5.0 cm 深的旬平均地温，按照以下公式计算：

$$t_1 = t + 1.4$$
$$t_1 = t + 1.8$$

式中，t_1 为调查时未来 10 d 内 5cm 深旬平均地温（℃）；t 为调查时未来 10 d 内旬平均气温（℃）；1.4 为 4 月气温与 5.0 cm 深土温之差；1.8 为 5 月气温与 5.0 cm 深土

① 旬平均地温，即把 10 d 日平均地温相加的和，再用 10 去除，得出来的地温。

温之差。

例如：4 月 20 日在甘孜州理塘县某一草地中，采挖蝗卵 100 粒，胚胎发育到第6 d 的有 60 粒（60.0%），该地未来 10 d 内平均气温预报为20℃，则

$$\text{孵化所需天数} = \frac{179.1 - 14.2 \times 6}{20 + 1.4 - 14.2} = 13 \ （d）$$

即正常情况下，4 月 20 日后第 13 d 左右，即 5 月 3 日左右理塘县有 60% 的蝗卵孵化出土。

（2）预测蝗蝻出土期

实际工作中，可结合孵化期预测，根据期距法（各虫态出现的时间距离）预测蝗蝻的出土期。

蝗蝻出土期 = 60% 卵孵化的日期 + 孵化到蝗蝻的期距

（3）预测蝗蝻三龄盛期

一般采用孵化盛期预测三龄期。根据地面上 30.0 cm 处旬平均草丛温度（旬平均气温 + 1.6℃），利用西藏飞蝗发育所需的有效积温按照以下公式计算：

$$D_3 = \frac{129.2}{t_g - 15.9}$$

式中，D_3 为到达三龄期所需天数（d）；t_g 为地面上 30 cm 处旬平均草丛温度（℃）；129.2 为西藏飞蝗蝗蝻从出土到三龄期需要的有效积温（℃）；15.9 为蝗蝻发育起点温度（℃）。

蝗虫历期是指蝗虫每蜕一次皮，则为一个龄期，从一龄盛期到二龄盛期所经历的天数，即为一龄历期。例如：通过室内饲养观察蝗虫 5 月 23 日处于二龄期，6 月 1 日已有蝗虫开始蜕皮，则表明蝗虫已进入三龄期；当种群 20.0% 蜕皮，则为三龄始期，当种群 50.0% 蜕皮，则为三龄盛期，当种群 80.0% 蜕皮，则为三龄末期。蝗虫龄期鉴别主要是通过翅芽与后足的长度进行鉴定，由于各地气候因素与蝗虫种类的不同，蝗虫龄期鉴别没有统一的标准．通常是先在室内饲养观察过程中，发现蝗虫进入一龄期后，量取翅芽与后足的长度，作好记录后，作为今后本地该种蝗虫龄期鉴别的依据。

根据四川省各地调查，西藏飞蝗蝗蝻发育起点温度为 15.9 ℃ 左右，西藏飞蝗蝗蝻从出土到三龄期需要的有效积温为 129.2 ℃ 左右，各地在实际测报中，在参考此数据的同时结合实际调查结果进行修正。

例如：甘孜州理塘县某一草地，蝗卵孵化盛期为 5 月 23 日，气象资料预报 5 月旬平均气温为 22.0 ℃，代入上式则得：

$$\text{到达三龄盛期所需时间} = \frac{129.2}{20 + 1.6 - 15.9} = 23 \ （d）$$

即理塘县某一草地蝗蝻三龄的盛发期在 6 月 15 日左右。

（4）预测成虫羽化期

蝗卵孵化至羽化期，采用有效积温法预测，按照以下公式预算：

$$D_y = \frac{360}{t_g - 15.9}$$

式中，D_y 为到达三龄期所需天数（d）；t_g 为地面上 30 cm 处旬平均草丛温度（℃）；360 为西藏飞蝗蝗蝻从出土到成虫需要的有效积温（℃）；15.9 为蝗蝻发育起点温度（℃）。

成虫羽化的进度可用始、盛、末三期表示，即成虫出现的百分率，当达到 20.0% 时为始期，50.0% 为盛期，80.0% 为末期，可按下式计算：

$$羽化百分率 = \frac{成虫数}{成虫数 + 蝗蝻数} \times 100\%$$

（5）预测成虫产卵期

①历期法。西藏飞蝗从羽化到产卵一般需 15～20 d。

②分期法。在成虫交尾初期和盛期分别捕捉雌成虫 20 头，剖腹检查体内蝗卵发育程度，根据蝗卵发育分期表和蝗卵发育期至产卵期所需的天数（见表 2-5），预测产卵期。

表 2-5　蝗卵发育分期特征和各期至产卵期所需天数

蝗卵发育期	特征	产卵所需的天数/d
初期	卵块细长，呈白色，卵粒长度不超过 2 mm	9～12
中期	卵块略粗，呈淡黄色，卵粒长 3～4 mm	5～8
后期	卵块粗大，呈鲜黄色，卵粒长 5 mm	3～4

3. 发生量预测

（1）种群密度预测，其计算公式如下：

$$P = \frac{b \times e \times m \times r\ (1-M)}{m + f}$$

式中，P 为下一代发生密度（头/m²）；b 为成虫密度（头/m²）；e 为雌虫平均产卵量（粒/头）；m 为雌虫头数（头）；r 为雌虫产卵率（%）；f 为雄虫头数（头）；M 为虫卵死亡率（%）。

（2）蝗卵死亡率

春季从土壤解冻时开始在西藏飞蝗产卵区域每间隔 5 d 设定若干 1 m² 样方，挖取表土，寻找卵块。共查 3 次，每次至少挖取 5 个卵块，计算卵块密度，用放大镜逐粒观察死卵比例，死亡卵粒常可出现卵粒雏缩、霉烂、僵硬、干瘪等情况。

（3）密度调查

利用方框取样器调查虫口数量的方法。方框取样器用木条或粗铁丝制成，为长、宽各 1.0 m，高 0.3～0.5 m 的框架，四周及上方覆以纱布或塑料窗纱。调查时，将方框取样器迅速罩下，框内蝗虫即为 1.0 m³数据。

（4）雌雄比、产卵率调查

用样框随机调查 9 次，每次网捕成虫 100 头，统计雌雄比及产卵率。

（5）产卵量

自蝗蛹羽化盛期后 5 d，随机捕捉雄成虫和未产卵雌虫各 30 头，在宜于雌虫产卵的室外设置 3 个容积 1.0 m³的网罩，各罩养雌雄成虫 10 对，待成虫全部死亡后挖取表土，统计卵块和卵粒数量。

4. 危害损失预警

（1）采食量推算法

在西藏飞蝗轻度危害的情况下，可将采食量视为西藏飞蝗造成的牧草损失总量。其计算公式为：

$$Q = a \times b \times c$$

式中，Q 为西藏飞蝗造成的青牧草损失总量；a 为单位面积上的西藏飞蝗密度，即预测的西藏飞蝗级别相应的数量；b 为西藏飞蝗危害面积；c 为 1 头西藏飞蝗的采食量。

西藏飞蝗一至三龄蝗蛹取食量很小，三龄时平均日损失量与累计损失量分别为 0.017 1 g/头和 0.231 2 g/头；四龄时分别为 0.071 4 g/头和 0.970 9 g/头；五龄时平均日损失量与累计损失量分别为 0.198 2 g/头和 2.83 g/头。成虫期分别为 0.453 6 g/头和 16.237 7 g/头，对牧草的破坏占到总破坏量的 80.1%，这是对牧草破坏最为严重的时期。

（2）样方对照法

采用样方对照法进行估测，可用非虫害区与虫害区（同类型、同等级草地）单位面积产草量对比，求得西藏飞蝗危害损失。样方面积为 1.0 m²，样方数量≥30 个。其计算公式为：

$$Q = \sum x_1/n - \sum x_2/n$$

式中，Q 为单位面积西藏飞蝗危害牧草损失量；$\sum x_1/n$ 为未危害区单位面积上的产草量；$\sum x_2/n$ 为危害区单位面积上的产草量；n 为样方数（应≥30 个）。

5. 发生面积

没有采取防治措施前，蝗蛹密度大于或等于 0.2 头/m²的蝗区面积。

（1）当年发生面积

结合路线调查，在地形图上勾绘西藏飞蝗分布区域，量算面积，核实西藏飞蝗发生的区域和面积。

（2）下代发生面积

根据残蝗面积，结合气象因素、天敌情况等，预测下代蝗蝻发生面积。

五、应用案例

甘孜州某地当年调查数据如表2－6，计算蝗虫种群密度。

表2－6　甘孜州蝗虫调查记录

挖到卵粒数/粒	死卵数/粒	调查成虫密度/（头·m^{-2}）	雌虫数/头	雄虫数/头	产卵雌虫数/头	产卵均数/粒
100 粒	63 粒	5 头/m^2	54 头	46 头	26 头	18 粒

$$M = \frac{63}{100} \times 100\% = 63\%$$

$$r = \frac{26}{54} \times 100\% = 48.1\%$$

$$P = \frac{5 \times 18 \times 54 \times 48.1\% \times (1 - 63\%)}{54 + 46} = 8.6 \ （头/m^2）$$

六、注意事项

西藏飞蝗一旦发现，不论种群密度多少，应立即采取防治措施及时控制，防止迁飞。一至三龄西藏飞蝗蝗蝻取食量小，主要取食牧草青稞叶片；而四龄后取食量剧增，五龄蝗蝻和成虫为西藏飞蝗的暴食期，并有使叶片损落和危害茎的现象，因此对西藏飞蝗的防治应在三龄前。

第五节　草原毛虫监测预警技术

一、技术概述

草原毛虫是四川省草原地区除草原蝗虫外主要的害虫。全国主要发生在西藏、青海、四川、甘肃、新疆的草原区，年发生面积约 267 万 hm^2，危害面积约133.0 万 hm^2。四川省草原毛虫年发生面积约30.2 万 hm^2，严重危害面积 10.7 万 hm^2，主要分布在甘孜州北部和理塘县，以及阿坝州红原、若尔盖等草地县，以高寒草甸类和莎草科为主、植被相对茂盛的区域易发生。全省草原毛虫适生面积约200.0万 hm^2。据调查，石渠、若尔盖两县草原毛虫危害区虫口平均密度16头/m^2，严重危害区平均密度达75头/m^2；草原毛虫茧密度3.3个/m^2，平均每茧有虫卵120粒；一龄幼虫越冬后活动时间在4月中下旬，三龄盛期在7月上旬。草原毛虫的发生与气候环境密切相关，一旦暴发可能造成巨大的牧草损失。草原毛虫的监测预警工作的主要目标是通过调查和研究，掌握草原毛虫分布与危害状况，摸清其发生发展规律，预测下一时期草原毛虫的发生趋势，为草原毛虫的防控工作提供决策依据。

二、关键术语

1. 草原毛虫

草原毛虫是我国青藏高原牧区的重要害虫，别名红头黑头虫、草原毒蛾，属于鳞翅目、毒蛾科。国内有草原毛虫、青海草原毛虫、金黄草原毛虫、若尔盖草原毛虫、小草原毛虫。草原毛虫主要分布在青海、甘肃、西藏、四川等地，海拔3 000～5 000 m凉爽湿润的生态环境中，以莎草科植物为主的高寒草甸、山地草甸和草甸化草原常常是高发区，在青海、西藏、甘肃大量危害的是青海草原毛虫，但也有金黄草原毛虫混合发生，在四川阿坝地区发生的主要是若尔盖草原毛虫和小草原毛虫。

草原毛虫一年发生一代，幼虫期是取食牧草的危害阶段。随着时间的变化，幼虫进入暴食期，每年的6月中旬到7月中旬危害最为严重。草原毛虫取食牧草的叶尖、茎尖等幼嫩部分，主要危害莎草科、禾本科、豆科、蓼科、蔷薇科等各类牧草。凡是草原上牲畜喜食的、当年生长的青绿牧草往往被它们一扫而光，残留的茎叶被牲畜采食后，也容易引起中毒。有资料显示：单只毛虫每天可食嫩草2.0 g左右，活动频繁期为每天的上午8：00～11：00和下午的3：00～8：00。中午温度高，可潜伏在草丛、水沟等阴湿处休息。在草原毛虫的危害重灾区，有密密麻麻的黑色毛虫，个别甚至能连成片呈黑色地带。

2. 虫口密度

单位面积内草地毛虫的数量。

3. 龄期

草地毛虫幼虫两次蜕皮之间的时间阶段，即为一个龄期。

4. 幼虫

草原毛虫从虫卵孵化至吐丝结茧这一阶段的虫态称为幼虫。

5. 虫茧

草原毛虫的幼虫在变成蛹之前吐丝做成的壳。

三、技术特点

草原毛虫监测预警技术适用于青藏高原及其周边各类草地草原毛虫危害区域的监测预警和危害评估。技术思路为：利用各地区现有测报站点和监测网络，通过适时调查、定期观测草原毛虫的分布、危害特征、种群动态，可以有效预测草原毛虫的发生期和发生量，可及时发布虫情预报，为科学防治决策提供依据。

四、技术流程

通过路线调查，掌握草原毛虫分布与危害情况。通过固定监测，获取草原毛虫的密度、性别比例、虫卵孵化率、越冬死亡率等信息；同时，调查草原毛虫天敌情况，收集发生地气象资料，对草原毛虫的发生期和发生量进行预测，及时发布虫情预报。草原毛虫监测预警技术流程如图 2-5 所示。

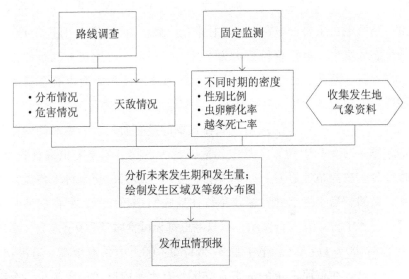

图 2-5　草原毛虫监测预警技术流程

五、技术内容

1. 调查方法

（1）固定监测

在草原毛虫常发区设立位置相对固定、能代表当地草原平均状况的监测样地，面积不小于 $100.0 \ hm^2$，且设立后位置不得随意变更。在样地内对草原毛虫的生长发育及其生态环境进行系统观测。样地特征按表 2-7 进行登记。

表 2-7　监测样地登记表

行政名称：	样地编号：
样地设立日期：	样地面积/hm²：
样地位置（边界所有拐点坐标组）：	
经度：	
纬度：	
海拔高度：	
草原类型：	土壤类型：
地形地貌：	地表特征：
主要植物：	
毛虫种类：	天敌种类：
利用方式：	
草场综合评价：	利用状况：

注：①行政名称：必须填写标准、完整的行政名称，不能简写。

②样地编号：由 6 位县级行政区划编码 + 当前年度 + 2 位顺序编码组成，顺序编码范围 01~99。

③经度、纬度：确定样地边界后，填写每个拐点经纬度。按×××′×××°填写。

④海拔高度：以整数位填写，单位为 m。

⑤草原类型：按全国统一分类系统中类的名称填写。

⑥土壤类型：按全国统一分类系统中的名称填写，如栗钙土、淡栗钙土等。

⑦地形地貌：台地、平地、坡地、陡坡、沟谷、悬崖、其他。

⑧地表特征：主要记录枯落物多与少、覆沙多与少、覆沙砾多与少、盐碱斑多与少、土壤侵蚀、地表板结重与轻、地表龟裂多与少。

⑨主要植物：填写主要的 3~4 种，按每种植物的出现频度递减排序。

⑩毛虫种类：依调查结果和历年积累资料，按当地危害种类填写。

⑪天敌种类：依调查结果和历年积累资料，罗列观测区域出现的天敌种类名称。

⑫利用方式：指割草地、放牧地、刈牧兼用、是否开垦及撂荒时间等。

⑬利用状况：轻度、中度、重度放牧。

⑭草场综合评价：好、中、差。

（2）路线调查

在草原毛虫发生区域规划调查线路。线路应穿越区域内主要的地貌单元和草原类型，若垂直变化明显，还应在垂直方向设置调查线路，按照线路对草原毛虫的发生面积、发生程度、发育进度、天敌等进行调查。

2. 调查内容

（1）虫茧与虫卵调查

草原毛虫虫卵调查时间应在秋季成虫交配后进行。从发现成虫出茧飞行开始调查。草原毛虫交配期为 2～7 d。主要调查毛虫虫茧与虫卵的分布、密度、孵化等情况。

①虫茧分布与虫卵密度。在发现草原毛虫雄性成虫飞翔的区域设定若干 1.0 m² 样方，在表土缝隙和草根附近寻找虫茧，计算虫茧密度，并随机解剖获取的虫茧，统计虫卵数量，计算虫卵密度。

②虫卵孵化率。随机抽取获得的虫卵，每 20～30 个一组，包上纱布放于容器中，置于室外自然环境的露天草地上，当虫卵孵化结束后，统计纱布中未孵化的卵粒，计算孵化率。虫卵孵化率的计算公式为：

$$虫卵孵化率 = \frac{孵化卵粒数（粒）}{孵化卵粒数（粒）+ 未孵化卵粒数（粒）} \times 100\%$$

（2）幼虫期调查

①一龄幼虫越冬死亡率。在翌年的春末夏初，选择晴天、无大风、温度在 10.0 ℃以上的时间，在样地内设置 ≥30 个 1.0 m² 样方，查看虫茧、牧草基部、土壤缝隙、牛粪、石块下面的虫体，累加统计，结合越冬前一龄幼虫数量计算幼虫越冬死亡率。幼虫越冬死亡率的计算公式为：

$$幼虫越冬死亡率 = \frac{越冬前一龄幼虫数（只）- 越冬后一龄幼虫数（只）}{越冬前一龄幼虫数（只）} \times 100\%$$

②龄期和密度。毛虫幼虫进入二龄开始取食，应进行系统调查，每 5d 调查 1 次直至蛹期。每次至少抽取 5 个代表性样点，每点用 1.0 m² 样方随机调查，总数不少于 100只。根据草原毛虫各龄期的主要特征判断幼虫龄期和计算毛虫密度，并记录好调查表（见表 2-8、表 2-9）。

表 2-8 草原毛虫幼虫发育进度调查表

调查日期	样地编号	样方编号	调查虫只数/只	一龄		二龄		三龄		四龄		五龄		六龄	
				数量	占比/%	数量	占比/%	数量	占比/%	数量	占比/%	数量	占比/%	数量	占比/%

表2-9　草原毛虫幼虫发生密度调查表

行政名称（县级）：		调查日期：
样地编号：		样方编号：
样方经度/°：		样方纬度/°：
样方海拔高度/m：		植被盖度/%：
草丛高度/cm：		地上生物量/(g·m⁻²)：
坡向：		坡位：
主要植物：		
害虫种类：　龄期：　平均密度/(头·m⁻²)：　最高密度/(头·m⁻²)：　　面积/m²		

注：①行政名称：必须填写标准完整的行政名称，不能简写

②样地编号：由6位县级行政区划编码+当前年度+2位顺序编码组成，顺序编码范围01~99。

③样方编号：样地编号+××。

④经度、纬度：按±×××′×××°填写，其他格式需要转换成度。

⑤海拔高度：以整数位填写，单位为m。

⑥植被盖度：样方内各种植物投影覆盖地表面积的百分数。

⑦草丛高度：植物叶层平均自然高度，高度的测定重复10次的平均数。

⑧地上生物量：指某一时刻单位草原面积地上全部植物生长量。测定草原植物地上生物量要齐地面剪割。

⑨坡向：分为阳坡、半阳坡、半阴坡、阴坡。

⑩坡位：分为坡顶、坡上部、坡中部、坡下部、坡脚。

⑪主要植物：填写主要的3~4种，按每种植物的出现频度递减排序。

⑫害虫种类：填写记录主要害虫种类。

⑬龄期：记录该害虫中占比例较高的龄期。

（3）蛹期调查

草原毛虫幼虫成熟，进入结茧、前蛹期和化蛹期，开始进行调查。在不同的地理位置设置10个以上的样点，每5 d调查1次至羽化盛期。当幼虫全部结茧后，设置1.0 m²样方，调查虫茧密度，同一样方内的虫茧可根据大小区分性别，大的虫茧为雌性，稍小的虫茧为雄性，或者根据蛹的形状描述进行区分。将每次调查获取的虫茧解剖，观察幼虫在茧内的化蛹进度，并统计计数，将结果记录到表2-10中。

表 2 - 10 草原毛虫化蛹进度调查表

调查日期	样地编号	样方编号	检查蛹个数/个		成虫个数/个		化蛹进度				备注
			雌	雄	雌	雄	始见期	始盛期	高峰期	盛末期	

（4）成虫期调查

①成虫羽化进度调查。在调查虫茧化蛹进度的同时，观察蛹的变化情况，当开始出现雄成虫时，每隔 3 d 调查 1 次，在固定样地内设置样方，收集虫茧，根据茧的大小，检查破茧雄成虫茧和雌成虫茧的钝端破裂情况，分别统计计数直至羽化盛期，并将结果记录到表 2 - 11 中。

表 2 - 11 草原毛虫羽化进度调查表

调查日期	样地编号	样方编号	检查蛹个数/个		成虫个数/个		羽化进度				备注
			雌	雄	雌	雄	始见期	始盛期	高峰期	盛末期	

②雌虫比例及雌虫产卵量。在成虫羽化盛期，在固定样地内设置样方，统计雌雄比例，解剖虫茧调查雌虫产卵情况。每 5 d 调查 1 次，共调查 3 次，并将结果记录到表 2 - 12 中。

表 2 - 12 草原毛虫成虫性比及产卵情况调查表

调查日期	样地编号	样方编号	成虫个数/个	雌雄比例及产卵情况					备注
				雌虫数/个	雌虫率/%	产卵雌虫数/只	产卵雌虫率/%	平均产卵量/（粒·只$^{-1}$）	

（5）天敌调查

天敌调查与虫卵、幼虫和成虫调查同时进行。调查记载样地内的天敌种类、数量及草原毛虫密度，并将结果记录到表 2 - 13 中。随机选 5 个样点。卵捕食类和卵寄生类天敌或微生物调查，在查卵时饲养观察；虫体寄生类天敌结合草原毛虫密度调查时进行解剖检查；捕食性天敌和病原微生物采用样方调查法，每点查 1.0 m²；两栖类、爬行类采用目测法调查，每点查 10.0 m²；鸟类采用目测法调查，每点查 1.0 hm²。

表 2-13 草原毛虫天敌调查表

调查日期	样地编号	捕食性天敌					寄生性天敌				毛虫密度 /(头·m⁻²)
		步甲 /(头·m⁻²)	蜘蛛 /(头·m⁻²)	鸟类 /(只·m⁻²)	蜥蜴 /(只·m⁻²)	芫菁 /(只·m⁻²)	寄生蝇类 /(头·m⁻²)	寄生率 /%	卵寄生蜂 /(头·m⁻²)	寄生率 /%	

3. 气象数据获取

就近收集当地气象台站数据，固定监测点采用仪器连续记录降雨量、空气温湿度数据。

4. 虫情预测

（1）发生期预测

①虫卵孵化期。草原毛虫虫卵孵化期与温度和湿度密切相关。平均气温 7.7 ℃，相对湿度 78.0%，卵期为 8 月初至 9 月上旬；日平均气温 5.0 ℃，相对湿度 78.0%，卵期为 8 月中旬至 10 月上旬。温度采用历期法结合期间的天气情况预测。

②幼虫三龄盛期。从草原毛虫有 6 个龄期，每个龄期历时 9 ~ 13 d，三龄盛期用历期法结合温度和降雨情况进行预测。

③蛹期。草原毛虫蛹期雌雄有差异，雌虫蛹期 9 ~ 10 d，雄虫的蛹期 22 ~ 26 d。

④成虫产卵期。草原毛虫从雌成虫交配后就开始产卵，产卵期一般需 20 ~ 25 d。

（2）发生量预测

①发生密度。根据成虫产卵期调查，综合环境因素，利用有效基数预测法预测下年一龄幼虫发生密度，并按照下式计算：

次年一龄幼虫发生密度（头/m²）= 当年雌虫蛹密度（个/m²）× 虫蛹平均产卵量（粒/个）× 虫卵孵化率（%）× （1 - 一龄幼虫越冬死亡率）

②发生面积。结合路线调查，在地形图上勾绘草原毛虫分布区域，量算当年发生面积。根据草原毛虫面积，结合气象因素、天敌情况等，预测下年发生面积。

5. 虫情预报

（1）预报时期及内容

当年 4~5 月根据天气和牧草返青情况做出毛虫出土期预报。出土期调查结束后做出三龄幼虫盛期、发生密度、发生面积等内容的预报。当年成虫调查结束后，根据成虫密度、发生面积、雌虫比、雌虫产卵率做出下年发生密度、发生面积等预报。

（2）预报程序

虫情及预测结果应向草原业务主管部门定期、逐级、实时上报，必要时在当地政府的授权下向当地群众通报。当预测可能发生重大灾情时，应随时向当地政府和上级业务主管部门报告。

第六节　草原鼠荒地快速监测技术

一、技术概述

川西北高寒草地面积 1 400 万 hm²，是青藏高原草地生态系统的主要组成部分，不仅在高原生态环境（水土保持、涵养水源、区域气候等）中发挥着重要的调控作用，而且是长江、黄河上游的重要生态屏障，具有十分重要且不可替代的环境意义和生态意义。但是近年来，在各种自然和人为因素的综合影响下，川西北地区草地退化日益严重，90.0% 以上的天然草地处于不同程度退化状态，同时鼠虫害猖獗，严重破坏草地，形成大量植被裸露、水土严重流失的鼠荒地（黑土滩），已成为重大的生态、经济和社会发展问题。因此，以快速监测为切入点研究川西北退化草地尤其是鼠荒地的分类分级标准和分布特征，对川西北退化草地治理和草地资源持续利用具有重要的指导意义。

退化草地（尤其是鼠荒地）的监测与诊断多依赖传统的人工监测和经验判断，具有成本高、强度大、效率低、精度和可达到区域有限等缺点和不足。随着 3S 技术的不断发展，遥感监测方法速度快、范围广、连续性好、成本低等优点逐步成了草地退化监测与诊断的主要手段，使得草地退化分析的结果更加具有诊断性和模拟性。

本技术以多源对地观测数据为基础，结合草地地面普查历史数据、基础地理信息数据以及相关专业资料（如气象资料等），建立低空遥感—地面监测—卫星遥感一体化的"天、地、空"草原鼠荒地监测体系，在多源长时空序列的数据重构与多源数据融合的基础上实现鼠荒地快速监测与诊断。

二、关键术语

1. 鼠荒地

主要因超载过牧和啮齿类动物活动等原因引起草原严重退化的次生裸地，主要表现为草原植被覆盖度大幅降低、秃斑明显增加、可食牧草显著减少。秃斑地比例大于40.0%，可食牧草比例低于20.0%，含黑土滩、沙化地等为严重退化草原。

2. 3S 技术

3S 技术是遥感技术（Remote Sensing，RS）、地理信息系统（Geography Information

Systems，GIS）和全球定位系统（Global Positioning Systems，GPS）的统称，是空间技术、传感器技术、卫星定位与导航技术和计算机技术、通信技术相结合，多学科高度集成的对空间信息进行采集、处理、管理、分析、表达、传播和应用的现代信息技术。

3. MODIS

MODIS 的全称即中分辨率成像光谱仪（Moderate - Resolution Imaging Spectroradiometer，缩写 MODIS），是美国宇航局研制大型空间遥感仪器，以了解全球气候的变化情况以及人类活动对气候的影响。

4. 归一化植被指数

归一化植被指数（Normalized Difference Vegetation Index，缩写 NDVI），是在遥感影像中，近红外波段的反射值与红光波段的反射值之差比上两者之和。

三、技术特点

本技术广泛适用于青藏高原区域退化草地（尤其是鼠荒地），较传统人工监测和经验判断而言，准确度提高了 25.0% ~ 30.0%，时间、资金投入降低了 20.0% ~ 35.0%；较传统单一数据源遥感监测而言，大、中、小尺度三位一体，准确度高达 93.5%。同时，本技术因涉及利用多源对地观测数据源进行人工智能解译，由于各数据源分辨率、拍摄范围、拍摄时间、频次、数据特点等差异，需要结合草地地面普查历史数据、基础地理信息数据以及相关专业资料，具有工作量较大、基础工作依赖性较强等不足。

1. 基于 MODIS 的鼠荒地大尺度监测比较优势

MODIS 数据应用于鼠荒地监测时，与 NOAA 卫星和陆地卫星相比，有以下特点和优势：一是 MODIS 数据实行全世界免费接收的政策，这对大多数草地监测工作而言是不可多得的、廉价且实用的数据资源；二是空间分辨率大幅提高，由 NOAA 的千米级提高到了 MODIS 的百米级；三是 MODIS 数据更新频率较高（每天最少 2 次白天和 2 次黑夜更新），对实时监测和应急处理具有较大的实用价值；四是光谱分辨率大大提高，有 36 个波段，这种多通道观测大大增强了对地球复杂系统的观测能力和对地表类型的识别能力。

2. 基于 Landsat 8 OLI 与 Google Earth 的鼠荒地中尺度监测比较优势

Landsat 8 OLI 陆地成像仪（Operational Land Imager）有 9 个波段（包括 1 个分辨率空间为 15.0 m 的全色波段、7 个空间分辨率为 30.0 m 的可见光、近红外和 1 个短波红外卷云波段），成像宽幅为 185.0 km × 185.0 km。与 Landsat 7 上的 ETM 传感器相比，OLI 陆地成像仪做了以下调整：①Band 5 的波段范围调整为 0.845 ~ 0.885 μm，排除了 0.825 μm 处水汽吸收的影响；②Band 8 全色波段范围较窄，从而可以更好区分植被和非植被区域；③新增两个波段，即蓝色波段（band 1 0.433 ~ 0.453 μm）主要应用于海岸带观测，短波红外波段（band 9 1.360～1.390 μm）包括水汽强吸收特征可用于云检测。

Google Earth 作为一种易学易用的地理信息应用平台已经得到广泛使用，数据资源丰富，特别是其中包含的亚米级 QuickBird、WorldView－Ⅱ以及航摄影像，更是一种难得的遥感数据资源；可获取免费的高分辨率影像数据源，用于辅助判断地物类型。

将 Landsat 8 OLI 与 Google Earth 高分辨率影像优势结合，从而产生色彩信息丰富并达到高空间分辨率的融合影像，对鼠荒地精准监测与诊断具有十分重要的意义。

3. 基于无人机的鼠荒地小尺度快速监测比较优势

无人机遥感系统是在无人机平台上配备相应的传感器（可见光相机、多光谱相机、高光谱仪、红外传感器、激光雷达等），利用通信技术和定位定姿技术快速无损获取关于目标地物的高分辨率影像及数据，经过处理的数据作为参数输入遥感反演模型，相关产出可用于参数提取或者行业具体应用。无人机遥感系统作为低空遥感系统的重要组成部分，用于鼠荒地监测有以下特点：①高分辨率、云下获取影像等特点。相比卫星遥感，无人机遥感的空间分辨率可以达到分米甚至厘米级，能够显著降低混合效应对估算精度的影响；有效弥补卫星及大型航空遥感系统在地表分辨率低、重访周期长、受水汽影响大等不足，为中、小尺度的遥感应用研究提供了新的工具。②低成本、低风险、机动灵活、实时高效。无人机遥感在小区域和飞行困难地区高分辨率影像快速获取方面具有明显优势，可根据草原特点，结合地面观察数据和卫星遥感数据，迅速准确地进行草情监测。无人机搭载多光谱相机，快速实时采集和传输影像，在草原上空精确抽样，拍摄 2～3 cm 空间分辨率的航测图，针对性地进行大面积航空监测及小范围定点监测与防治工作，并对问题发生位置进行准确排查并及时有效解决。

四、技术流程

草原鼠荒地快速监测技术流程如图 2-6 所示。

图 2-6 草原鼠荒地快速监测技术流程

五、技术内容

1. 基于 MODIS 的鼠荒地大尺度监测

本技术基于 MODIS 遥感数据，采用归一化植被指数（NDVI）和像元二分模型法反演植被覆盖度（Fc），以植被覆盖度作为判断草地退化的标准，综合计算监测区鼠荒地草地退化指数，定量揭示的草地退化时空分布规律。

（1）MODIS 数据处理

①数据选用原则。本技术所使用的遥感数据为 NASA（National Aeronautics and Space Administration）提供的 MODIS - NDVI 数据，来源于美国宇航局 MODIS 陆地产品按照统一算法开发的 16.0 d 最大合成植被指数产品（MOD13Q1），数据格式为 EOS - HDF，投影为正弦曲线投影，空间分辨率为 250.0 m。

②覆盖监测区。成像时间与地面调查时间基本一致；有限选择近星下点，残存云、暗影、大气气溶胶少的图像；有限选择产品级别较高的图像。

③数据处理。MODIS 数据处理包括图像预处理、几何精纠正、图像增强、图像镶嵌与裁切等，具体参照 NY / T 2768 -2015《草原退化监测技术导则》、DB51/T1089 -2010《基于 MODIS 数据的草原地上生物量遥感估测技术规程》。

利用 MODIS 数据处理工具软件（MODIS Reprojection Tools，MRT），完成数据格式及坐标变换，并选用 1984（World Geodetic System，WGS84）作为投影方式，以最邻近法作为重采样方式；在 ArcMap 软件中使用 Conversion Tools 把影像转换成 Grid 格式；利用监测区矢量数据裁剪出投影转化后的 MODIS 植被指数图像；使用 ArcMap 中栅格计算器工具将 MOD13Q1 数据像元值做除法运算，以得到真实的 NDVI 值。

（2）植被覆盖度提取

本技术采用归一化植被指数 NDVI 与像元二分模型相结合的方法反演植被覆盖度（Fc）。NDVI 的植被覆盖度计算公式如下：

$$Fc = \frac{NDVI - NDVIs}{NDVIv - NDVIs}$$

式中，$NDVIv$ 为仅有植被的纯净像元的 NDVI 值；$NDVIs$ 为仅有裸地（无植被）覆盖的纯净像元的 NDVI 值。

采用置信区间的方法依据研究区 NDVI 最大值与最小值所构造的总体参数的估计区间确定 $NDVIv$ 和 $NDVIs$ 值。

（3）草地植被退化评价指标体系

草地鼠荒地植被退化等级的划分能够反映草地退化的空间分布状况，但是并不包含退化草地面积信息。为了更直观地表达区域草地退化状况，采用草地退化指数（Grassland

Degradation Index，GDI）来表征整个区域草地退化状况。草地退化指数计算公式为：

$$GDI = \frac{\sum\limits_{i=1}^{5} D_i \times A_i}{A}$$

式中，GDI 为草地退化指数；D_i 为草地退化等级 i 的评分（草地退化等级对应的赋值见表 2-14）；A_i 为草场退化等级为 i 的面积；A 为该地区草场总面积。

GDI 的值越大，表明该地区草地退化的程度就越严重。参考相关文献，按照 GDI 的值域范围综合判别草地退化等级为以下 5 级（见表 2-14）：未退化（$GDI \leqslant 1$）、轻度退化（$1 < GDI \leqslant 2$）、中度退化（$2 < GDI \leqslant 3$）、重度退化（$3 < GDI \leqslant 4$）和极重度退化（$4 < GDI \leqslant 5$）。

表 2-14　草地鼠荒地退化遥感监测等级划分方法

退化等级赋值	草地退化等级	划分标准
1	未退化	草地植被盖度达到未退化草地植被盖度的90%以上
2	轻度退化	草地植被盖度达到未退化草地植被盖度的75%～90%
3	中度退化	草地植被盖度达到未退化草地植被盖度的60%～75%
4	重度退化	草地植被盖度达到未退化草地植被盖度的30%～60%
5	极重度退化	草地植被盖度只在未退化草地植被盖度的30%以下

2. 基于 Landsat 8 OLI 与 Google Earth 的鼠荒地中尺度监测

利用中分辨率 Landsat 8 OLI 影像和 Sentinel L2A 数据，结合 Google Earth，以及监测区土地利用/覆盖历史数据，采用目视解译修正的方法获得土地监测结果，进而实现对鼠荒地的诊断与监测。

（1）遥感影像数据选用

Landsat 8 OLI 数据来源于美国地质勘探局（UnitesGeological Survey，USGS）网站，检索并下载覆盖监测区的最新影像 3 景。选择云覆盖率较低的影像，能保证土壤有机质含量的反演精度。

（2）数据处理

在 Envi 5.0 软件中对 OLI 数据进行处理，利用 Radiometric Calibration 模块、FLAASH Atmospheric Correction 模块和 Registration 下的 Image to Image 模块对 OLI 影像分别进行辐射定标、大气校正和几何精校正，并进行投影转换。Google Earth 高分辨率影像用于辅助判断地物类型。

（3）土地类型的分类体系

采用二级分类体系建立监测区土地覆被的分类系统，该系统包括 6 个一级分类和

15 个二级分类（见表 2 - 15）。

表 2 - 15　土地覆被分类系统

一级分类	二级分类	一级分类	二级分类
林地	林地	水体	河流
	灌丛		湖泊
	疏林地		沼泽
草地	高覆盖度草地	居民地	城镇
	中覆盖度草地		农村
	低覆盖度草地		交通工矿
农田	旱地	裸地	裸土
			裸岩

在该数据中，草地分为高覆盖度草地、中覆盖度草地和低覆盖度草地 3 种类型。利用监测区土地覆被类型分布数据，获得草地分布数据。

（4）草原鼠荒地土壤有机质的遥感估算

采用以下模型建立反演鼠荒地土壤有机质含量：

$$SOM = -0.954 - 0.224/R4 + 0.771/R5 + 0.326/R6$$

式中，SOM 代表土壤有机质含量；$R4$、$R5$ 和 $R6$ 为分别代表 OLI 影像第 4、5 和 6 波段的反射率值。

在 ARCGIS 中利用栅格计算获得 SOM 的空间分布数据。

（5）遥感监测模型的建立

在 ARCGIS 软件中，获取野外采样点所在栅格的 NPP 和 SOM 值，再利用 SPSS 软件，建立草地退化综合指数（$GDCI$）的遥感反演模型，模型的计算公式如下：

$$GDCI = -0.0004SOM + 0.0269NPP - 0.6675$$

式中，$GDCI$ 代表草地退化综合指数；SOM 代表土壤有机质含量水平。

SOM 由 OLI 影像根据公式（1）估算得到；NPP 代表年初级生产量，由 EOS/MODIS 数据产品 MOD17A3 处理得到。

在 ARCGIS 中利用栅格计算器，利用反演得到的土壤有机质（SOM）和净植被生产力（NPP）数据，计算 $GDCI$ 值，可获得研究区草地的退化综合指数。

3. 基于高光谱遥感的鼠荒地中尺度监测

（1）遥感数据的获取

本技术使用的 HJ－HSI 数据产品从"中国资源卫星应用中心"免费获取，选用与野外实测数据时间最接近的影像数据。

（2）数据处理

对数据进行格式读取、大气校正、去除严重受损的波段及几何精校正等预处理，通过对数据进行显著性分析、相关性分析最终提取地面采样点对应像元的较为精确的光谱反射率。

（3）数据分析

分析高光谱遥感监测中鼠荒地植物群落特征，识别鼠荒地指示性植物，对围栏内、外草地植物群落、退化过程中的减少种、增加种、侵入种以及裸地的光谱特征进行研究，实现鼠荒地的监测与诊断，明确其变化趋势。

4. 基于无人机及多光谱的鼠荒地小尺度快速监测

（1）无人机影像获取

本技术所采用的无人机是大疆 Spreading Wing S1000＋八旋翼无人机，悬停功耗 1 500 W，整机重量 4.4 kg，有效载荷 3.0 kg。传感器采用的是 Parrot Sequoia 多光谱相机，包含绿光、红光、红边光和近红外光等多光谱带图像信息（见表 2－16）。

表 2－16　Parrot Sequoia 多光谱相机波长及带宽

序号	光谱	波长/nm	带宽/nm
1	绿光	550	40
2	红光	660	40
3	红边光	735	10
4	近红外光	790	40

（2）数据预处理

无人机影像获取后使用相机自带的校正文件进行通道校正，格式转化和波段合成，然后将处理后的影像和飞行日志导 Pix4D Mapper 软件，设置波段参数和相机参数等，自动进行影像的校正、拼接等，生成空间分辨率约为 0.04 m 的正摄影像。最后导入 ENVI 软件中进行几何校正，影像裁剪等处理，最终选取畸变较小的区域进行研究如图 2－7 所示。

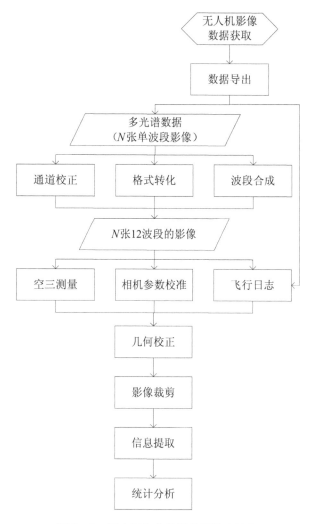

图 2-7 无人机多光谱影像预处理流程

（3）地面光谱分析

利用 SVC HR 1024 光谱仪进行地面光谱分析（光谱测量范围 350～2 500 nm），分析光谱曲线特征差异和反射光谱特征差异，提取植被混合群落中的鼠荒地指示植被。

（4）数据分析

利用多光谱相机航拍的影像来进行鼠荒地与裸荒地对比研究，构建鼠荒地遥感提取模型，为鼠荒地时空分布规律提供技术支撑。

5. 地面光谱测量与地面植被调查

（1）地面光谱测量

利用 SVC HR 1024 光谱仪进行地面光谱分析（光谱测量范围 350～2 500 nm）。

综合多种资料进行典型样方位置的选择，通过 GPS 精确定位中心点确定采样路线。

采用"X"法取样，样方面积为 900 m² （30 m×30 m），每个样方内布设 5 个采样点，在每个采样点放置 0.5 m×0.5 m 的样方框（如图 2-8）。在每个采样点进行 GPS 定位。光谱测量、草种识别、总盖度和分盖度估算。分析光谱曲线特征差异和反射光谱特征差异，提取植被混合群落中的鼠荒地指示植被，反映植物的盖度、生物量，提供荒漠化监测中的植物指标。

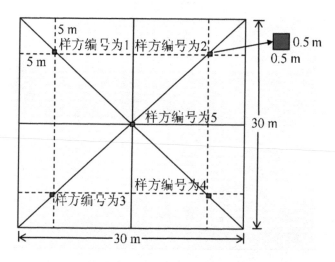

图 2-8　30 m×30 m 样方布点图

（2）地面植被调查

地面植被调查主要包括草原类型、植物种类、植被盖度、植被高度、草地裸露面积、地上生物量。

地面调查方法参照 NY/T 2768－2015《草原退化监测技术导则》、NY/T 1233－2006《草地资源与生态监测技术规程》、DB51/T 939－2009《草原资源遥感监测地面布点与样方测定技术规程》执行。

六、应用案例

2018 年 5～10 月，依托草原鼠荒地快速监测技术对四川省甘孜州色达县色柯镇、大则乡、大章乡、泥朵乡 4 个乡镇进行研究。利用 GDCI 反演模型（$GDCI = -0.000\ 4 SOM + 0.026\ 9NPP - 0.667\ 5$），在 ARCGIS 中计算获得色达县草地退化指数分布图。为获得草地退化等级分布图，根据野外调查数据，结合自然断点法，根据草地退化指数将研究区草地退化等级划分为4级：无退化（$GDI \geqslant 0.64$）、轻度退化（$0.37 \leqslant GID < 0.64$）、中度退化（$0.069 \leqslant GDI < 0.37$）和重度退化（$GDI < 0.069$）。

色达县草地退化以轻度和中度退化为主，分别占草地总面积的42.91%和51.24%。无退化草地面积极少，仅占草地总面积的1.22%。重度退化草地的面积比例也不高，占草地面积比例的4.63%。

泥朵乡土地覆被以不同盖度的草地为主，高、中、低覆盖度草地分别占到全乡总面积的28.92%、23.06%和2.23%。该乡草地均处于不同程度的退化状态。其中，以中度退化为主，占退化草地面积的93.09%。重度退化和轻度退化草地的面积比例均很小，分别占退化面积的5.95%和0.96%。

大则乡土地覆被以不同盖度的草地为主，高、中、低覆盖度草地分别占到全乡总面积的22.18%、56.89%和0.72%。该乡草地均处于不同程度的退化状态。其中，以轻度和中度退化为主，分别占退化草地总面积的44.91%和53.25%。重度退化和无退化草地的面积比例均很小，分别占草地总面积的1.63%和0.22%。

大章乡土地覆被以高、中盖度的草地为主，高、中覆盖度草地分别占到全乡总面积的39.55%和46.74%。该乡草地退化类型多属于中度退化，占所有草地面积比例的96.99%。无退化、轻度退化和重度退化草地的面积比都极小，所占面积比例分别为0.11%、3.44%和2.90%。

色柯镇土地覆被以高、中盖度的草地和灌木林地为主，其中，高、中覆盖度草地分别占到全乡总面积的31.70%和52.51%。色柯镇所有草地均处于不同程度的退化状态，其中以中度退化为主，占草地总面积的51.94%，其次为轻度和重度退化，面积比例分别为35.98%和12.09%。

七、注意事项

（1）本技术利用航测遥感与地面监测、卫星遥感影像，仅建立草原鼠荒地"天、空、地"快速监测体系，未来应加强建立航测遥感与地面监测、卫星遥感影像的"天、空、地"数据逻辑关联及解译模型，形成航空器低空航测遥感技术在草原资源调查、动态监测、灾害防治、资源管理等方面的技术规范和标准，以及数据实时传输技术规范。

（2）在遥感影像选取时，注意选用与地面调查时间最接近的数据资料。

（3）采用无人机及多光谱进行小尺度鼠荒地监测时注意：①为了保证无人机采集系统的安全性和飞行的平稳性，尽量选择在晴朗无风的天气状况下飞行；②本文主要研究草地植被的光谱特征，光照条件要求严格，因此尽量选择在当地最佳光照时间采集数据；③为了保证数据获取后影像拼接的质量及其效果，数据采集前作航线规划时需要设置合理的航向重叠度和旁向重叠度。

第七节　草原鼠荒地分级

一、技术概述

草原鼠荒地是指主要因啮齿类动物活动和超载过牧等原因引起草原严重退化的次生裸地。在四川省川西北高原地区，高原鼠兔、高原鼢鼠、青海田鼠等啮齿动物分布广，危害严重，鼠类的打洞、掘土行为形成土丘覆盖植被，采食牧草根部致牧草枯死，加上牲畜的采食和践踏，受害严重的草原退化成土壤裸露、植被稀少的鼠荒地。

由此看出，"鼠荒地"的范畴要比"黑土滩"更加宽泛，并有一定程度上的发生学意义。青藏高原退化草地面积约为 4 250 万 hm^2，其中"黑土型"退化草地面积约为 700 万 hm^2，以高原鼠兔和高原鼢鼠为代表的啮齿动物和小哺乳动物的啃食及频繁的挖掘活动对草地植被及其基质造成一定的破坏。

四川省草原鼠荒地的分布面积约 110 万 hm^2，主要分布在川西藏族聚居地，而甘孜藏族自治州石渠县是川西北高原乃至整个青藏高原鼠害发生最为严重的地区之一。每年造成牧草鲜重损失超过 12.0 亿 kg，折合经济损失约 2.6 亿元。鼠荒地使生态环境恶化，生物多样性减少，直接影响草地畜牧业经济的可持续发展。草原鼠害防治工作实践证明，采取单一灭治措施后，尽管当年灭治效果可达到 90.0% 以上，但是若不采取巩固措施，一般 2 年后鼠害密度可自然恢复到灭治前的 85.0% ~ 90.0%。为了有效控制鼠害和恢复草原植被，为草原鼠荒地和鼠害治理提供科学有效的方法。

二、关键术语

1. 鼠荒地
鼠荒地是指主要因超载过牧和啮齿类动物活动等原因引起草原严重退化的次生裸地，主要表现为草原植被覆盖度大幅降低、秃斑明显增加、可食牧草显著减少。秃斑地比例大于 40.0%，可食牧草比例低于 20.0%。含黑土滩、沙化地等严重退化草原。

2. 黑土滩
黑土滩是指青藏高原高寒环境条件下，以嵩草属植物为主要建群种的高寒草甸草场严重退化后形成的大面积次生裸地，或原生植被退化成丘岛状的自然景观。因其裸露的土壤呈黑色，故名"黑土滩"退化草地。它包括俗称的"黑土滩""黑土坡""黑土山"等。

3. 秃斑地

秃斑地是指在人为和自然因素作用下，草原生态系统被破坏，原生植被的草皮层被剥蚀后形成的斑块化裸地。包括土丘、洞口、鼠道、裸斑、塌洞和镶嵌体等裸露地块。

4. 秃斑率

秃斑率是指单位面积内秃斑地占总面积的百分率。

5. 可食牧草比例

单位面积内可食牧草干重占植物干重总量的百分率。

三、技术特点

1. 适用范围

以青藏高原高寒草地为例，高原鼠兔和高原鼢鼠是泛青藏高原地区和中国特有的小型食草型小动物。高原鼠兔营地面生活，主要分布在海拔 3 200～5 000 m 范围内的青藏高原和尼泊尔、锡金地区，多栖息在土壤较为疏松的坡地和河谷高原地带，具有典型的社会性，喜栖居于植被低矮的开阔生境；高原鼢鼠营地下活动，适应黑暗、封闭的地下环境，需冬眠，主要采食植物的地下根系，栖息于高寒草甸、草甸化草原、草原化草甸、高寒灌丛、高原农田、荒坡等比较湿润的河岸阶地、山间盆地、滩地和山麓缓坡。在青藏高原高寒草地，因其啃食、掘洞、刈割、贮草行为对草地植物、土壤环境和草地生态系统的反馈很复杂，既具有负面效应，也有一定的正面效应。负面效应短期内表现明显，正面效应较隐藏滞缓，再加其害鼠种群繁殖快、数量大、啃食掘洞、与放牧家畜争夺食草资源，被认为是草场退化的元凶，一直被当作灭杀的对象。

2. 技术特点

目前，投放药剂饵料是当前最为普遍的地面鼠灭除方法，投放饵料后短期内鼠群密度会骤然下降，能够保护和留存草地改良种植的人工牧草的种子和幼苗，然而，此项措施的长期累积效应及破坏性是显而易见的。草地鼠害防治的目标应是持续有效地抑制有害鼠类的种群数量使之维持在有利于草地可持续利用的经营水平上，其核心理念是控制鼠类种群数量，而不是全部彻底地消灭该物种。然而，"年年灭鼠年年不减"的局面没有根本性改变，对鼠害发生机理及其"分级而治"的科学理念亟须建立，对于"鼠荒地"的认识及鼠害危害程度的界定需要明晰。

（1）鼠荒地分类

按地形分为3类，即平地（滩地、平坡）、缓坡、陡坡。其中：平地（滩地、平坡）坡度在0°~7°；缓坡坡度在7°~25°；陡坡坡度>25°。

（2）鼠荒地分级

主要依据秃斑地、鼠密度及可食牧草三个因子，分为3级（见表2-17）。

表2-17 鼠荒地分级及评价指标

主要因子	分级指标	危害程度分级			
		1级	2级	3级	备注
秃斑地	秃斑率/%	40~60	61~80	>80	主要指标
鼠密度	总洞穴（土丘）量/(个·hm^{-2})	<500	500~1 500	>1 500	参考指标
可食牧草	可食牧草比例/%	15~20	10~15	5~10	参考指标

（3）调查方法

①秃斑率调查。一般采用样线法，也可用无人机、遥感等其他方法。样地、样方的调查方法参照NY/T 2998《草地资源调查技术规程》执行。

②鼠密度调查。参照NY/T 1905《草原鼠害安全防治技术规程》执行。

③可食牧草比例调查。参照NY/T 1579《天然草原等级评定技术规范》执行。

四、技术流程

鼠荒地分类分级是鼠荒地综合治理的基础，通过野外调查和相关技术的集成，结合地形因子和退化生物指示，在鼠荒地型退化草地分类、分级标准的基础上并结合"黑土滩"型退化草地等级划分的标准系统，以及相应的治理经验，将鼠荒地退化草地的治理归结为3类3级。

鼠荒地分类分析技术流程如图2-9所示。

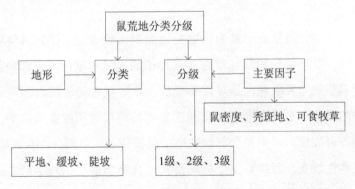

图2-9 鼠荒地分类分级技术流程

五、技术内容

草原害鼠种群的调控调节是一项艰巨而长远的任务。就目前来看，生产上广泛使用的就是投毒灭鼠，其次是在试验条件下进行鼠类不孕疫苗的研制。基于草原主要害鼠防治指标，依据鼠荒地分类分级标准，采取不同的治理措施。鼠荒地治理的根本措施是恢复植被，控鼠后采取禁牧、休牧、播种、施肥、灌溉、管护和合理利用等技术恢复重建草原植被，改善草原生态系统，提高植被盖度和产量，抑制害鼠数量增长。草原主要害鼠防治指标见表 2－18。

表 2－18　草原主要害鼠防治指标

害　鼠	每公顷有效洞口、土丘（或只数）
鼢鼠（*Myospalax*）	150 个以上
高原鼠兔（*Ochotona curzoniae*）	150 个以上
布氏田鼠（*Microtus brandti*）	1 500 个以上
大沙鼠（*Rhombomys opimus*）	400 个以上（或 30 只以上）
黄兔尾鼠（*Lagurus luteus*）	160 个以上（或 40 只以上）
草原兔尾鼠（*Lagurus lagurus*）	160 个以上（或 40 只以上）
鼹形田鼠（*Ellobius talpinus*）	150 个以上
长爪沙鼠（*Meriones unguiculatus*）	500 个以上

六、应用案例

1. 青藏高原鼠荒地危害程度分级及适应性管理研究

通过对川西北的阿坝州、甘孜州和青海省果洛州玛沁县的 42 个高寒草地样地的鼠类种群密度调查和已有文献的采集分析，对鼠荒地危害程度划分为轻度、中度、重度和极度 4 个等级；依据指标因子重要性排序，分级指标包含害鼠种群、植物群落和土壤养分 3 个因子群；总洞穴数量、有效洞口数等 11 个单项因子；并对不同危害程度的鼠荒地提出了封育自然修复、人为干预修复、半人工草地改建和人工草地重建 4 种草原鼠害适应性管理策略，对于高寒草地生态系统草原害鼠适应性管理和鼠害防控具有指导意义（见表 2－19）。本指标体系共分为轻度、中度、重度和极度 4 个危害级别，依据各分级指标重要性排序，分级指标采用 3 个主因子群和 11 个单项因子，在生产实践中可因地制宜遴选部分主要因子进行鉴定。

表 2-19　鼠荒地危害程度分级与分级指标

主因子群	分级指标	危害程度分级			
		轻度	中度	重度	极度
Ⅰ. 害鼠种群	1. 总洞穴数量/(个·hm^{-2})	<500	500~1 000	1 000~2 000	>2 000
	2. 有效洞口数/(个·hm^{-2})	<150	250~500	150~500	>500
	3. 害鼠数量/(只·hm^{-2})	<30	31~60	61~70	>70
Ⅱ. 植物群落	4. 总盖度/%	>80	65~80	30~65	<30
	5. 草层高度的降低率/%	<10	11~20	21~50	>50
	6. 可食牧草个体数减少率/%	<10	11~20	21~40	>40
	7. 不可食度杂草个体数增加率/%	<10	11~20	21~40	>40
	8. 总产草量减少率/%	<10	11~20	21~50	>50
	9. 可食草产量减少率/%	<10	11~20	21~50	>50
Ⅲ. 土壤养分	10. 0~20 cm 土层有机质含量减少率/%	<10	11~20	21~40	>40
	11. 0~20 cm 土层土壤全氮含量相对百分数的减少率/%	<10	11~20	21~25	>25

目前，对高原鼠兔适宜种群密度和防控范围的研究还不够深入，由于空间区域性及研究角度的不同，相关研究结论差异很大。例如，在甘肃甘南对高原鼠兔在补偿危害期和非补偿危害期的危害量得出其春季防治的经济阈值为 19.09 只/hm^2 或有效洞口数 63.6 个/hm^2；在甘肃肃南县高寒草甸和高寒草原高原鼠兔的经济损害有效防治指标为有效洞口数 185 个/hm^2；在青海果洛州研究得出的适宜防控种群密度为70~110 只/hm^2，鼠穴密度为512 个/hm^2。基于不同区域的草地类型、害鼠种群及调查方法及取样时间，防控阈值的范围差异较大，这对指导草原鼠害防治的可操作性十分有限。

2. 甘南黑土滩（鼠荒地）草场的等级划分及治理模式调查研究

根据甘南草场类型图、草场退化分布图、鼠害分布图、鼠害危害等级图和甘南黑土滩草场的大致分布区域，在甘南藏族自治州玛曲县、碌曲县、夏河县设立 30 个样区，每个县 10 个样区。每个样区按原生植被、害鼠危害轻度退化草地、害鼠危害中度退化草地、害鼠危害重度退化草地 3 个等级，共计完成了 360 个样地的野外调查。

在归纳总结前人成果的基础上，根据甘南特殊的地理条件，黑土滩草场作为甘南高寒草甸鼠鼠害危害退化草地的典型，依据地形条件以及草原保护与建设的需要，将鼠害危害极度退化草地即黑土滩划分为三种类型：即Ⅰ滩地坡度为 0°~10°；Ⅱ缓坡地坡度为 10°~25°；Ⅲ陡坡地坡度≥25°。

植被调查主要选择秃斑地盖度、可食牧草比例、退化指示植被的比例、害鼠危害面积 4 个指标。秃斑地盖度和可食牧草比例 2 个指标可以作为"黑土滩"退化草地分级的主要标准，依据分析结果并参照以往研究资料对各指标进行量化，结合上述分类结果，可得出"黑土滩"退化草地的分类及分级标准。例如，甘南州鼠荒地评价指标、类型及等级划分见表 2－20。

表 2－20 甘南州鼠荒地评价指标、类型及等级划分

退化类型	退化等级	秃斑地比例/%	可食牧草比例/%
Ⅰ 滩地 0°～10°	Ⅰ—1 轻度	40～60	30～40
	Ⅰ—2 中度	60～80	20～30
	Ⅰ—3 重度	≥80	≤20
Ⅱ 缓坡地 10°～25°	Ⅱ—1 轻度	40～60	30～40
	Ⅱ—2 中度	60～80	20～30
	Ⅱ—3 重度	≥80	≤20
Ⅲ 陡坡地大于 25°	Ⅲ—1 轻度	40～60	30～40
	Ⅲ—2 中度	60～80	20－30
	Ⅲ—3 重度	≥80	≤20

通过野外调查和相关技术的集成,在"黑土滩"退化草地分类、分级标准的基础上并结合以往成功的治理经验,将"黑土滩"退化草地的治理归结为 5 种模式和与之相关的治理措施。

Ⅰ. 封育自然恢复;Ⅱ. 控鼠(采用人工捕捉高原鼢鼠和生物毒素控制高原鼠兔两种方法);Ⅲ."控鼠＋围栏封育自然恢复＋禁牧休牧";Ⅳ."控鼠＋围栏封育＋人工草地＋禁牧休牧";Ⅴ."控鼠＋围栏封育＋补播(半人工草地)＋禁牧休牧"。在治理轻度退化草原主要用封育自然恢复、控鼠、"控鼠＋围栏封育自然恢复＋禁牧休牧"三种模式;在治理重度鼠荒地、治理中度退化草原主要用"控鼠＋围栏封育＋人工草地＋禁牧休牧"和"控鼠＋围栏封育＋补播(半人工草地)＋禁牧休牧"两种模式。

第八节 草原鼠虫害宜生区划分技术

一、技术概述

川西北高原地区草原鼠害分布广、危害重,准确地掌握鼠害现状、预测发生趋势一直是草原鼠害监测预警工作的重点和难点。20 世纪 80 年代以来,鼠害监测主要通过路线调查、固定监测的方式,获取害鼠种群特征数据,采用有效基数预测法,通过模

型预测害鼠的种群密度。该方法技术要求高、工作量大，由于受调查点数量、调查范围限制，草原鼠害整体分布情况难以掌握。2005年以来，全国畜牧总站开始利用3S技术，通过分析环境因子与害鼠发生的相关性，开展草原鼠虫害的宜生区划分工作。2010年，农业部专门发布了《草原蝗虫宜生区划分与监测技术导则》，为草原鼠虫害宜生区的划分提供了技术思路和基本方法。但由于全国范围宜生区划分尺度大，各地需要因地制宜地调整参考因子、参数，提高底图精度，更精细地划分草原鼠害的宜生区。在全国畜牧总站的指导下，四川省在草原鼠害重点县开展了大量的地面调查、分布区上图、遥感数据分析等工作，经过实地验证、反复调整模型和参数，初步掌握了可应用于鼠害监测工作的宜生区划分方法。

二、关键术语

1. 宜生区

宜生区是指适宜于某种（类）草原鼠或虫生长发育的区域。概念由全国畜牧总站提出，主要方法是根据鼠虫害常发区植被与生态环境的特点，分析环境因子对鼠害分布的影响，建立鼠害分布模型，划分出草原鼠害的适生范围。

2. 宜生指数

草原有害生物种群分布和动态变化等受多重因素影响。通过分析多年草原生物灾害发生情况，结合环境监测，项目组将影响有害生物发生发展的因素分为两大类，即环境因素和生物自身因素。两类因素紧密联系，综合影响着有害生物种群数量变动和灾害发生发展态势。不同的因子对草原有害生物生长发育的影响程度，称为该有害生物的宜生指数。

三、技术特点

1. 适用范围

本技术适用于四川省川西北高原地区分范围较广、种群密度相对较高的草原生物灾害——高原鼠兔、高原鼢鼠、草原蝗虫的宜生区划分与宜生区监测工作。

2. 技术优势

3S技术在草原生产力监测、草原类型划分等方面有成熟的方法和技术，由于草原鼠虫害监测仍处于探索阶段，但前景十分广阔。宜生区的划分为草原鼠虫害监测提供了一种思路和方法，可以通过计算的方式获取有关高原鼠兔的分布范围、面积、危害程度等数据，相对于各地主观性强、缺少支撑依据的统计数据，该方法无疑更可信、

078

可靠。随着我国各类高分辨率的观测卫星不断发射，影像资料获取更便捷，利用现代信息技术开展的草原鼠害等生物灾害防治手段必将广泛应用，其技术方法会越来越成熟，精度会越来越高。

四、技术流程

草原某种鼠（虫）宜生区划分的基本原理是：在充分研究某种害鼠、害虫常发区植被与生态环境的基础上，分析环境因子对某种鼠（虫）分布的影响，建立某种鼠（虫）分布模型，再根据某区域内草原植被与生态环境状况，划分出其适生范围。宜生区划分的技术流程为：结合地面调查数据，利用3S技术，通过分析草原某种草原鼠（虫）害生长发育、种群发展与草原类型、土壤类型、地上生物量、海拔高度、坡度、坡向、年平均气温、年平均降水量、有效积温等因子间的关系，构建草原害鼠（虫）宜生区划分模型，计算出宜生指数，划分草原害鼠、宜虫的宜生区和预警区域。草原鼠虫宜生区划分技术流程如图2-10所示。

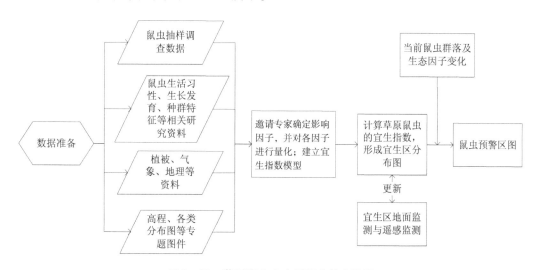

图2-10　草原鼠虫宜生区划分技术流程

五、技术内容

1. 数据准备

（1）地面抽样数据

收集整理多年地面调查数据，包括抽样样点的地理位置，草原鼠虫种类、密度、龄期和数量，海拔高度，坡度、坡向，植被盖度，地上生物量，草原类型，土壤类型，土壤湿度、温度，年平均气温，年平均降水量，≥10℃有效积温等信息。

①确定调查线路。根据调查区域内草原类型、地形特点和鼠虫历史发生情况规划调查线路。线路应穿越调查区内主要的地貌单元和草原类型；如生物分布垂直变化明显，按垂直分布方向设置调查线路。

②样地设置原则。根据鼠虫种类、种群密度、草原类型的变化以随机方法确定样地，样地间距离不大于 10 km（间距）。对于垂直分布型区域，样地随垂直分布带宽度设置，每一垂直分布带可至少视为一个样地。每个样地调查 3~6 个样点，调查鼠虫种类、龄期和密度数据时每样点 3 次重复。

（2）专题图件

收集行政区划、土壤类型、草原类型、地上生物量、数字高程、温度、降水和土壤温湿度等基础图件。宜生区划分与监测最小比例尺要求：省级 1∶1 000 000、地级 1∶500 000、重点区域或县级 1∶250 000。

2. 宜生指数

（1）量化地面抽样数据

根据草原鼠虫种群数量和危害次数对草原鼠虫发生程度进行量化，发生程度量化值见表2-21。

依据不同生态因子对草原鼠虫发生的影响程度，对各项生态因子地面抽样数据进行量化，定性数据分属性量化，定量数据分区间量化，量化范围为 0~5，数值越大表示草原鼠虫发生程度越严重。

表 2-21 草原鼠虫发生程度量化值

草原鼠虫发生情况	发生程度量化值
未见	0
有分布，从未形成危害	1
轻度危害	2
中度危害	3
重度危害	4
鼠荒地或蝗虫近 10 年中有 5 个年份（含）以上形成危害	5

（2）建立宜生指数模型

利用地面抽样数据，使用多元回归等方法，建立生态因子和草原鼠虫发生程度量化数据间的宜生指数模型。按照上述量化方法生成各生态因子的量化栅格图，应用宜生指数模型进行栅格图空间运算，生成宜生指数图。

（3）宜生区划分

在宜生指数图上依据表 2-22 的分级，划分出宜生区。

表2-22　草原鼠虫宜生区分级

宜生区名称	宜生区分级标准 宜生指数 IH	草原鼠虫宜生区特征说明
一级宜生区	$IH \geqslant 4$	非常适合鼠虫生长发育，是鼠虫经常危害的区域
二级宜生区	$3 \leqslant IH < 4$	适合鼠虫生长发育，是时有鼠虫危害的区域
三级宜生区	$2 \leqslant IH < 3$	具备鼠虫生长发育的主要条件，是鼠虫潜在危害的区域
四级宜生区	$IH < 2$	很少有鼠虫分布，不会形成危害

（4）验证

选取地面样本对宜生区划分结果进行验证，定性准确率大于或等于90.0%视为合格。

3. 宜生区监测

（1）地面监测

①定位监测。在用多年数据划分的三级宜生区和四级宜生区中，设置长期定位观测样地，监测草原鼠虫群落及生态因子变化，分析宜生区草原鼠虫和生态变化规律，积累地面资料和基础数据。

②路线监测。设定路线，监测草原鼠虫空间分布变化情况，为更新宜生指数图、宏观掌握草原鼠虫分布与生态变化规律积累地面资料和基础数据。

（2）遥感监测

利用遥感技术周期性监测草原地上生物量、植被盖度、土壤湿度、土壤温度等草原鼠虫相关生态因子的动态。

（3）更新宜生区

根据地面监测和遥感监测结果更新宜生区数据和图件。

六、应用案例

2016～2018年，四川省草原工作总站组织州县技术人员，开展了全省草原鼠害（高原鼠兔、高原鼢鼠、青海田鼠）的宜生区划分工作。以甘孜州石渠县高原鼠兔为例，结合地面调查数据和3S技术，通过对草原类型、海拔高度、坡度、坡向、植被指数等5个影响因子与高原鼠兔分布的相关性分析，计算出石渠县高原鼠兔宜生指数、宜生区分布及其分布图。结果显示：宜生区与实际发生区基本吻合，草原技术推广部门勾绘的高原鼠兔分布区与宜生区重叠率57.9%；经计算，石渠县高原鼠兔宜生区面积104.2万hm²，比统计面积少17.1%；本文提供了一种可以通过计算获取高原鼠兔分布区域和面积的方法，可用于草原鼠害的监测工作中。采用如下的方法和步骤。

1. 基础数据准备

（1）矢量地图

矢量地图包括草原类型分布图、行政区域地图、国土二调数字地图、草原鼠荒地分布图、石渠县草原鼠害分布图。各类矢量地图和影像均采用统一的投影和坐标系统。

（2）栅格影像和地形图

栅格影像和地形图包括数字高程模型、TM 影像、植被指数（MODIS EVI）。

（3）地面调查数据

2007～2017 年石渠县地面调查数据，包含害鼠种类、鼠密度、GPS 等信息。

2. 影响因子及参数的确定

分别对历年全省高原鼠兔分布的样方调查、高原鼠兔分布，与全省数字高程、植被指数等数据进行空间分析和统计，分析出鼠害分布与海拔、坡度、坡向及植被指数的相关关系，将宜生指数分为 1～3 个等级，3 级最高、1 级最低。影响因子及参数的设定见表 2－23。

表 2－23　四川省高原鼠兔宜生区划分影响因子及参数

影响因子	各因子范围	宜生指数值
海拔高度/m	3 100～3 300	1
	3 301～3 800	3
	3 801～4 700	2
	4 701～5 100	1
坡度/°	0～22	3
	22.01～44	2
	44～66	1
	>66	空值
坡向/°	0～45	1
	45～135	2
	135～225	3
	225～315	2
	315～360	1
植被指数（EVI^2）	0～0.2	1
	0.2～0.38	2
	0.38～0.6	3
	0.6～0.74	2
	>0.74	1
草原类型（草地组）	第 2 组：禾草、杂类草草甸草地	2
	第 4 组：莎草、杂类草草地	2.5
	第 5 组：杂类草草甸草地	3
	第 12 组：杂类草、莎草、禾草、灌丛草甸草地	1
	其他草地	0.5

3. 宜生指数的计算

应用 ERDAS、ARCGIS 等软件,将草原类型、海拔高度、坡度、坡向、植被指数(EVI)生成统一投影、坐标、分辨率的栅格图像,再按表 2 - 23 的参数重新赋值。同时,将数赋值后各个因子指数加权平均,生成宜生区指数图。值越高的区域,越适宜高原鼠兔的生存,发生草原鼠害的可能性越大。

4. 结果与分析

经计算,石渠县高原鼠兔宜生指数平均为 2.22,宜生区投影面积 95.6 万 hm²,合 95.6 万 hm²,求得实际面积(曲面面积)为 104.2 万 hm²。2016 年技术部门统计的高原鼠兔发生面积为 125.7 万 hm²,较计算结果多 20.6%(见表 2 - 24)。将宜生指数按 1、1.54、2.2 几个断点生成分布图(如图 2 - 11),其中,指数值 2.2 以上的区域高原鼠兔发生概率极高。经过与 2017 年石渠县技术人员绘制的高原鼠兔分布图比对,宜生区和实际发生区域基本一致,在未排除宜生区计算误差和分布图绘制误差的情况下,吻合度在 60.0% 以上。

表 2 - 24　石渠县高原鼠兔宜生指数及面积

序号	宜生指数(平均值)	投影面积/万 hm²	曲面面积/万 hm²
1	1.00	4.2	4.5
2	1.49	13.6	14.9
3	1.99	30.7	33.4
4	2.49	2.8	30.9
5	2.99	18.8	20.5
合计/平均	2.22	95.6	104.2

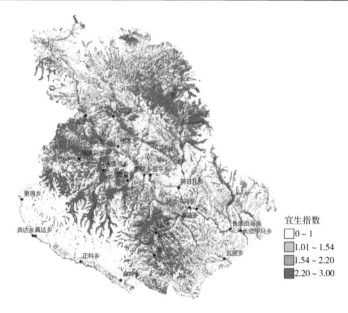

图 2 - 11　石渠县高原鼠兔宜生指数分布

第三章　草原鼠害综合防控技术

第一节　草原无鼠害区建设技术

一、技术概述

草原无鼠害区建设技术是针对草原鼠害防治中存在的害鼠种群数量易恢复、灭效难巩固、环境污染、天敌及人畜安全性低、技术难推广、节本降耗增收难等问题，基于草地生态系统平衡原理和生物种间"相生相克"原理，把生物、生态、物理、化学防治技术优化，将预测预报、3S技术、无公害植保技术和植被恢复技术有机结合，以草原无鼠害建设片区为单元进行综合治理，达到草原有鼠无害，持续控制草原鼠害的一种经济、实用的治理技术。该技术可使草原害鼠密度长期控制在经济阈值允许水平以下，实现草原生态系统平衡。有利于保护草原生产力，促进地方经济发展；有利于保护草原生态环境，建设我国西部生态屏障；有利于合理利用自然资源，避免环境污染；有利于绿色食品生产，保证人类食物安全；有利于促进民族地区团结、繁荣与稳定。

二、关键术语

1. 草原鼠害
啮齿类动物在一定区域内过度繁殖，对草原、人、畜造成危害及损失的统称。

2. 无鼠害草原
草原内害鼠种群保持在经济和生态危害允许水平以下的区域称为无鼠害草原。

3. 草原无鼠害区
在鼠情监测的基础上，采取以生物、生态治理为主，化学、物理控制为辅的综合治理措施，使草原鼠害持续控制在经济和生态危害允许水平以下，达到草原无鼠害目标的区域称为草原无鼠害区。

4. 鼠害生态控制

鼠害生态控制又称生态学灭鼠，是基于生态学原理，采取生态措施，改变鼠类的栖息地环境，恶化其生存条件，控制鼠类种群数量发展的技术措施。

三、技术特点

1. 适用范围

草原无鼠害区建设技术适用于川西北牧区及青藏高原草原无鼠害区建设和草原区鼠害综合治理，也可重点针对高原鼠兔、高原鼢鼠、高山姬鼠、藏鼠兔、青海田鼠、苛岚绒鼠、玉龙绒鼠等害鼠的防治。

2. 技术优势

（1）集预测预报、3S 技术、综合防治、生态恢复为一体，协调化学、物理、生物、生态和环境的各种因子控制害鼠，建立"畜—草—鼠—天敌"稳定的动态平衡，达到高效、持续控制草原鼠害。

（2）把生物防治、化学防治、物理防治优化组合，大规模采用以生物农药、招鹰控鼠为核心的无公害综合防治技术，既有效控制鼠害，又保护草原生态环境和草地绿色食品生产。

（3）把植被恢复技术和无公害植保技术有机地结合，实现治理目标的多重性和综合性，即在控制草原鼠害的同时，注重避免对草原环境的污染，保护鼠类天敌和人畜安全，恢复草原生态，促进草地畜牧业的可持续发展。

（4）草地鼠害的控制与草地"鼠类"资源的开发、利用相结合，将鼠类由有害动物转化成资源动物，变害为益，提高了草地资源的利用率和效益。

四、技术流程

运用生态系统平衡原理，对草原无鼠害示范区建设进行技术设计；在草原害鼠常发区域，建立健全的鼠情监测预警体系，实施以生物和天敌保护利用为主，化学、物理控制为辅的"无公害"植保技术对害鼠进行综合防治；因地制宜，采取围栏、封育、补播、施肥、灌溉、除杂和合理利用等植被恢复技术，对草地鼠害进行生态控制，恶化或消除害鼠适生环境，建立、完善持续控制机制，增强草原生态系统的自然调控能力，使草原害鼠密度长期控制在经济阈值允许水平以下，做到有鼠无害，实现草原生态系统平衡。草原无鼠害区建设技术流程示意图如图3－1所示。

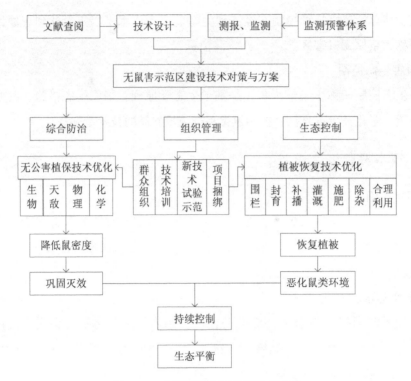

图 3-1　草原无鼠害区建设技术流程

五、技术内容

1. 生物防治

运用对人、畜安全的各种生物因子来控制害鼠种群数量的暴发，以减轻或消灭害鼠。目前，四川省的生物防治主要采用 C 型肉毒素杀鼠剂、D 型肉毒素杀鼠剂、植物源杀鼠剂和天敌保护来控制害鼠。

（1）C 型肉毒素杀鼠剂

该药物具有灭杀强，适口性好，中毒作用缓慢，灭鼠效果好，对人畜安全，不伤害鼠类天敌，无二次中毒，不污染环境等特点。常用剂型为 1 000 万毒价/ml 水剂或冻干剂。水剂在长途运输中，应保持在 5.0 ℃以下。平均灭效达 93.5%。

（2）D 型肉毒素杀鼠剂

该剂比 C 型肉毒素杀鼠剂的毒性大，使用时一定要注意人畜安全。平均灭效达 90.4%。

（3）植物源杀鼠剂

主要分植物源杀鼠剂和植物源鼠类不育剂两种，如雷公藤甲素、蓖麻毒素等。

（4）天敌保护

保护和利用鹰、狐狸、黄鼬、蛇等害鼠天敌，通过天敌的捕食，抑制害鼠种群数量增长；其中，招鹰控鼠是应用最多的一种防治方法。

2. 化学防治

化学防治就是采用化学药剂进行灭鼠的方法。目前，使用较多的化学灭鼠剂主要有氯敌鼠钠盐、杀鼠迷、杀鼠灵、溴敌隆、双甲敌鼠铵盐、骱鼠灵等，是草原鼠害高发区应急防治的主要方法，杀灭效果达 82.0% ~ 89.0%，但毒性较大，残留时间比较长，不可大面积采用。

3. 物理防治

物理灭鼠是利用器械灭杀害鼠的一种方法，具有对人、畜和环境安全，操作简单，灭鼠效果明显等优点，是广泛发动群众扫残巩固、提高灭效的一项持续控制措施。主要有夹捕法、鼠笼法、地箭法和弓箭法。弓箭法灭治营地下生活的害鼠，是一项较传统的物理灭鼠法，大面积应用灭效达 90.0% ~ 98.0%。

4. 遗传防治

利用辐射不育、化学不育、孢质不亲和性、杂种不育等自毁技术控制鼠类密度的方法，如不育剂等。

5. 生态控制

采用生态措施，恶化鼠类生存条件，控制鼠类种群数量的方法，即生态灭鼠、生态控鼠。不同鼠种对环境的要求不同，应选择不同的生态措施。在治理草原害鼠的同时，通过促进草原植被恢复，改变害鼠适宜的栖息地环境，能有效控制害鼠数量的增长。可选择围栏、封育、播种、补播、施肥、灌溉、除杂、管理和合理利用等技术，因地制宜实施。

第二节　高原鼠兔生物防控技术

一、技术概述

高原鼠兔（*Ochotona curzoniae*）是青藏高原的主要害鼠之一，分布面积广，危害重，年均危害面积占全国草原鼠害面积的 1/6 以上。一是啃食牧草，高原鼠兔日食鲜草 77.3 g，是其体重的 50.0% 左右，主要采食禾本科、莎草科、豆科等牧草，降低饲草产量和载畜能力；二是在草地上挖掘洞道，破坏生草层，形成秃斑，加剧草地退化、沙化和水土流失，逐渐形成次生裸地，生态损失巨大；三是传播疾病，危害人畜健康，高原鼠兔是泡型包虫病的中间宿主。

生物防治（Biological control），即生物学灭鼠，利用有害生物的天敌和动植物产品或代谢物对有害生物进行调节、控制的一种技术方法。原理就是利用生物之间相互依存、相互制约的关系,调节有害生物种群密度和数量。生物防治有狭义和广义之分。狭义的生物防治仅指直接利用天敌进行控制,广义的生物防治还包括利用生物机体或其天然产物来控制有害生物。生物防治主要方法有:天敌防治、生物农药防治、抗性防治和不育防治。生物防治是高原鼠兔防治的主要技术,已占到当年防治总面积的85.0%~90.0%。

二、技术特点

采用生物技术防治草原鼠害,减少了化学农药对环境的污染和二次中毒现象,对草地生物量的提高、土壤有机质含量的增加、草地生态环境的改善有着重要作用。生物防治技术优点是:对人畜安全,避免了对环境的污染,是一种安全、高效、经济的防治措施,是控制草原生物灾害、保护生态环境、保证人类发展的趋势,是当今鼠害防治技术的发展方向。

本技术主要适用于青藏高原等高寒草地以地面活动为主的害鼠防治。

三、技术流程

高原鼠兔生物防治技术流程如图3-2所示。

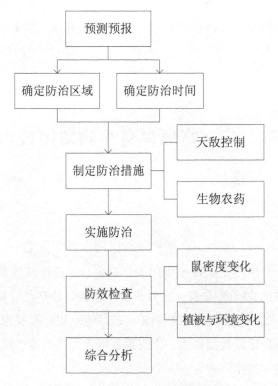

图3-2　高原鼠兔生物防治技术流程

四、技术内容

以川西北草原为例，目前采用的生物防治技术主要有天敌保护利用（招鹰控鼠、引狐治鼠）、生物农药（肉毒素杀鼠剂、不育剂、肠道梗阻剂）等。

1. 招鹰控鼠

自然界有许多捕食鼠类的动物，如鼬科、猫科和犬科中的许多肉食兽以及鸟类中的猛禽（隼形目、鸮形目）都是鼠类的天敌。鼠和天敌在长期的进化过程中形成了相互依存的关系。据调查，平均鹰和鼠的比例为 1：5 000。猛禽的食物中鼠类的遇见率高达 75.0%，它们之间相互依存、相互制约，其数量的变动是与鼠类的数量有着密切的关系。在正常年份，天敌对鼠的数量有一定控制作用，但当鼠类大量发生时，天敌的控制作用相对有限。招鹰控鼠技术就是从食物链的关系出发，在害鼠常发的开阔、平缓的草原上，设立招鹰架招引鹰类控制害鼠种群数量。1994 年 1 月，四川省在甘孜州石渠县 5.33 万 hm^2 草地上，采用 C 型肉毒梭菌杀鼠剂对优势鼠种高原鼠兔进行药物防治后，于同年 7 月在该区域内，人工设立鹰架 150 架。通过 1995 年、1996 年连续观察，高原鼠兔平均密度 22.5 只/ hm^2，明显低于对照样方的 55 只/ hm^2，对草地鼠害的控制起到了积极的作用。

（1）作用

①栖息。据观察，鹰类在空中盘旋飞翔后，若没有鹰架，往往降落在公路旁的电杆、小山包或丘陵高地上，或不停留；而有人工鹰架的地方，可招鹰在架上栖息。在无外界干扰的情况下，每次栖息的时间为 15.0～45.0 min，平均为 23.5 min，有时长达 70.0 min。

②瞭望。鹰类降落在人工鹰架上后，多呈安憩状态。当受到外界干扰时，就显得特别惊恐、慌张。一旦发现捕食对象，表现兴奋活跃。由于"站得高，看得远"，为鹰类避敌、觅食提供了方便。

③取食。在人工鹰架上及其四周地面，发现有鹰类排泄的大量粪便、唾余及鼠类内脏等。

④筑巢。如在鹰架上用扁钢焊接篮状框子，鹰类就在其内用柴草、羊毛等做巢居住并产卵，孵化雏鹰完成育幼的任务，据统计筑巢率高达 23.0%。

（2）优点

克服了药物灭鼠的不足，对草原无污染，不破坏食物链，有利于鼠类天敌的保护，有利于生态平衡和环境保护。制作简单，使用方便，成本低廉，防效持久等特点，在大面积天然草地巩固灭鼠效果中有着重要的推广价值。一次性投资可以连续多年控制鼠害，鹰架设置的时间越长，效果越好。

2. 引狐控鼠

引狐控鼠是应用生态学原理，针对目前草原生态系统食物链中鼠类天敌数量减少这一环节，增加草原鼠类天敌，修复草原生态系统食物链，达到利用生物天敌控制草原鼠害，保持草原生态平衡的目的。主要种类有红狐、赤狐、草狐、沙狐等。2008～2015年，四川省先后从宁夏引进经野化训练的银黑狐88只，控鼠面积12万 hm^2。

银黑狐为赤狐的一个亚种，寿命10～14年，能繁年限6～8年，年繁4～6只，单只活动范围5.0～10.0 km，有效控鼠面积约1 333.3 hm^2。通过引进和自然繁殖，银黑狐能够不断扩大其控鼠范围，达到生态控鼠的目的。

狐狸的释放场地应为高原鼠兔等地面鼠常发区，成片分布，危害面积大于6 666.7 hm^2 的草原地区，海拔低于4 800 m，丘陵和平原过渡地带，具灌丛分布，附近有水源。此外，狐狸的释放场地应距居民地5.0 km以上，应设立标识牌，加大宣传和保护力度，减少人为活动和捕捉的影响，提高释放的成功率。狐狸的释放场地应与招鹰鹰架分布区域留有一定距离，避免互相干扰，免使狐狸成为老鹰的捕食对象。

3. 生物农药灭鼠

（1）肉毒梭菌毒素灭鼠

20世纪中叶，随着社会对无公害防治技术的需要与生物科技的发展，出现了生物农药。生物农药是运用生物技术，发掘有害生物的"克生生物因子"（有害生物的病原细菌、真菌、杆状病毒、抗生素，以及多种天然产物），研制成控制生物灾害的生物制剂。它具有安全、有效、无污染的优点，也有化学农药使用方便的特点。生物农药是当今生物鼠害防治技术中一个重要发展方向，现已开发的生物农药品种较多，对控制生物灾害、保护生态环境、保证人类食物发展有积极作用。目前，四川省乃至全国广泛采用的肉毒梭菌毒素（Botulin Type C）灭鼠。

C型肉毒梭菌毒素是由C型肉毒梭菌（Clostridium botulinum Typ C）产生蛋白毒素，它是目前已知最强的神经麻痹素之一。肉毒梭菌毒素分为A、B、C、D、E、F、G 7个型，能引起人类中毒的主要是A、B、E三型毒素，其中，C型肉毒素用于防治害鼠，C型肉毒素从1986年在甘孜州试验，现已广泛应用于四川省大面积草原鼠害防治工作中。2015年以来，D型肉毒素在四川牧区草原鼠害防治工作中也得到大面积推广应用。

①毒饵配置。配置时将青稞或小麦倒在垫席上，并摊成条形，按药物∶饵料＝1∶500的比例（即0.5 kg C型药配250 kg青稞或小麦），喷雾器在内加入原药，加入适量水（河水、自来水）稀释农药，用水量以稀释后拌匀毒饵为准（一般8 kg水可喷洒饵料500 kg），青稞或小麦堆两侧各站一人，喷雾器边喷洒边翻动从一端到另一端，来回

翻动3次即可使每一粒颗粒上均黏附有毒药（如图3-3）。

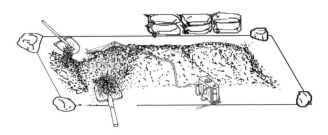

图3-3　毒饵配置

②毒饵投放。要求集中连片进行防治，统一配制毒饵，统一发放，统一投药。通常采用洞口投饵法防治高原鼠兔，即逐洞投饵，将毒饵投放于洞口外面的跑道两侧周围7.0～10.0 cm范围内，8～20粒/洞（将毒饵放在洞中效果反而不好，因为鼠进、出洞时容易将毒饵埋到泥巴中影响采食），投饵时稍微撒开一些，减少牲畜采食的机会。具体方法为：投饵人员按"一"字形排队，间距3.0～5.0 m，同时前进逐洞投饵；如分片区投饵也不能太分散，各片区之间在投饵时应适当交叉重复，交叉重复带为50.0～100.0 m。

（2）植物源不育剂农药控鼠

①雷公藤甲素。雷公藤甲素杀鼠剂为卫矛科植物雷公藤的粗提物雷公藤多甙制成品，为一种雄性不育剂，也称为新贝奥生物杀鼠剂。害鼠进食后，药剂会抑制睾丸的乳酸脱氢酶，附睾末端曲细输精管萎缩，精子量变得极为稀少，丧失生育能力，从而达到减少害鼠数量的目的。石渠县试验表明，雷公藤甲素生物杀鼠剂适口性强，对人畜及有益生物相对安全，对环境友好不会造成残留污染，对四川省常见草原害鼠青海田鼠、高原鼢鼠、高原鼠兔的种群生殖力有一定的抑制效果，可致怀孕率平均下降10.3%～50.0%。

草原鼠害防治时，0.25 mg/kg浓度的雷公藤甲素使用量为500～1 200 g/hm²。投药后一般需禁牧15～20 d，并在施药区竖立明显的警示标志，防止家禽、牲畜进入，避免有益生物误食。雷公藤甲素颗粒剂为成品杀鼠药，可以直接投放，省去了现场配药拌制的环节，使用较为方便。

②莪术醇。莪术醇是中药莪术抗病毒、抗癌、抗菌等作用的主要有效成分之一，是从莪术根茎中提取的挥发油经纯化而制得。对鼠类生长发育无明显影响，但会导致其生殖器官异常，故可以在不影响鼠类正常生活的前提下抑制其发育。有研究表明，莪术醇可能通过影响雌鼠卵泡刺激的作用途径，使卵泡滞育在三级卵泡阶段，且可引起雄鼠精子顶体酶缺失，增加精子畸形率和降低其存活率，从而对雄鼠的睾丸功能产生影响。四川石渠县试验表明，莪术醇不仅能有效地抑制高原鼠兔的种群繁殖力，平均怀胎率下降5.6%～63.9%，且适口性较好，对人、畜、禽、鼠类天敌和其他非靶标

动物较为安全，具有环保型生物农药的优点，而且有利于维持草原生物多样性和生态系统平衡。鼠类繁殖期前施药时，0.2%莪术醇饵剂常用剂量为 2 500 g/hm²。

③地芬诺酯·硫酸钡。肠梗阻型杀鼠剂——世双鼠靶（鼠道难），通用名称为 20.02% 地芬诺酯·硫酸钡饵剂，针对鼠类消化系统特点而研发的靶标专一的新一代无公害生物灭鼠剂。主要有效成分由活体微生物、医用造影剂硫酸钡和止泻剂地芬诺酯加诱食剂等组成。含量：地芬诺酯 0.02%、硫酸钡 20.0%。打破了传统灭鼠剂胃毒、凝血、避孕和趋避的作用方式，实现了以一种全新物理方式促使害鼠肠道梗阻致脏器衰竭死亡。

与传统灭鼠剂相比，世双鼠靶具有四大特点：一是作用方式独特性，通过微生物的作用应用靶位定向技术，以物理方式促使害鼠肠道梗阻致脏器衰竭死亡，害鼠死后干瘪无臭味；二是靶标专一性，专门针对鼠类消化系统特点研发，对鸡、鸭、牛、羊、猪、猫等动物安全；三是产品有效成分的安全性，主要成分包括活体微生物、医用造影剂硫酸钡和止泻剂地芬诺酯加诱食剂等，采用人用医药原料，保证了产品的安全性（经试验表明，产品大鼠急性经口仅为 LD50 > 5 000 mg/kg，比食盐的毒性还要低）；四是阻断害鼠间信息传递，不易产生耐药性，害鼠盗食该产品后 2 ~ 3 d 内无不良反应，可继续觅取其他食物，阻断了鼠类所存在的特殊信息传递，适口性良好，诱使害鼠收储，不易产生拒食现象。

五、防治效果监测

防治效果监测应依据不同措施确定监测时间。例如，利用天敌和不育剂控鼠，应观测 1 ~ 3 年鼠密度的变化情况；而利用其他生物药剂灭鼠，中毒高峰时间不同，一般生物农药检查时间为投药后 7 ~ 10 d。

1. 有效洞检测

堵洞开洞法确定有效洞口数量，首先在样方内用泥土等堵住所有鼠洞口，第 2 d（24 h 后）检查被鼠打开洞口数即为有效洞数。防治前统计的即为防治前有效洞，防治后统计的即为防治后有效洞，并做好记录（见表 3 - 1）。

表 3 - 1　高原鼠兔防治效果调查记录表

地点：　　　　　调查人：　　　　　　　　检查_____天防效

样方设置时间	样方号	生境	堵洞数/个	防治前有效洞/个	效果检查时间	堵洞数/个	防治后有效洞/个	防效/%
平均								
对照								

2. 防效计算

对照样方内不采取任何防治措施，但应和灭效样方一样堵洞并查看洞数，计算自然灭洞率。

（1）自然灭洞率

$$d = \frac{a - b}{a}$$

式中，a 为对照样方防治前有效洞；b 为对照样方防治后有效洞。

（2）校正系数

$$r = 1 - d$$

（3）实际防效

$$D = \frac{rA - B}{rA} \times 100\%$$

式中，A 为防治前有效洞；B 为防治后有效洞。

六、注意事项

1. 确定防治指标

制定防治指标不仅需要考虑鼠害发生危害与产量损失的关系以及防治费用，也要协调鼠害防治同经济效益、生态效益和社会效益的关系，一般防治指标为高原鼠兔有效洞口密度 $\geqslant 150$ 个/hm^2。

2. 确定最佳防治时间

利用生物药剂防治应选择高原鼠兔食物较缺乏、气温在 5.0 ℃以下（牧草枯黄时或者次年牧草返青前）、体质较差、繁殖季节前、鼠类活动频繁的时机。

3. 组织管理

（1）组织管理到位

由专人负责防治工作的组织和管理。

（2）灭前规划到位

依据高原鼠兔监测结果，拟定防治实施方案，确定防治区域、时间、面积、人员、物资与具体措施。

（3）严格物资保管

生物毒素由于保存温度低而凝结成冰，在使用时将毒素瓶放于河水中使其慢慢融化，不要用温水或加热融解，以免受热使药效损失。配制的毒饵量一般不超过 3 d，否则药效降低，影响防治效果。

（4）配置农药时应注意的事项

生物农药配置时要加警戒色，应明确禁牧期间。

第三节　高寒草地肉毒梭菌毒素杀鼠剂应用技术

一、技术概述

20世纪中叶，随着社会对无公害防治技术的需要与生物科技的发展，出现了生物农药。生物农药是运用生物技术，发掘有害生物的"克生生物因子"（有害生物的病原细菌、真菌、杆状病毒、抗生素，以及多种天然产物），研制成控制生物灾害的生物制剂。它具有安全、有效、无污染的优点，也有化学农药使用方便等特点。现已开发的生物农药品种较多，是控制生物灾害，保护生态环境，保证人类食物发展的趋势，生物防治技术是当今鼠害防治技术中一个重要的发展方向。

肉毒梭菌毒素分为 A、B、C、D、E、F、G 七个型，能引起人类中毒的主要是 A、C、D 三型毒素，其中，肉毒杆菌 A 型毒素毒性极强，其安全性问题引发社会争议，故未在草原鼠害防治工作中推广应用。目前，四川牧区广泛采用的是 C 型与 D 型肉毒梭菌毒素开展草原鼠害防治工作。

二、关键术语

1. 肉毒梭菌毒素

肉毒梭菌毒素是肉毒梭菌产生的蛋白毒素，它是目前已知最强的神经麻痹素之一。

2. 中毒机理

在机体内肉毒毒素特异性与胆碱能神经末梢突触前膜的表面受体相结合，然后由吸附性胞饮而内转进入细胞内称为毒素的内转，使囊泡不能再与突触前膜融合，从而有效地阻抑了胆碱能神经介质——乙酰胆碱的释放。与此同时，毒素与突触前膜结合，还阻塞了神经细胞膜的钙离子通道，从而干扰了细胞外钙离子进入神经细胞内以触发胞吐和释放乙酰胆碱的能力。乙酰胆碱释放的抑制，有效地阻断了胆碱能神经传导的生理功能，尤其是神经—肌肉接头部位特别敏感，引起全身随意肌松弛麻痹，呼吸肌麻痹是致死的主要原因。

三、技术特点

1. 适用范围

该技术适用于青藏高原及其周边同类草地采用 C 型、D 型肉毒素防治高原鼠兔。C 型肉毒梭菌毒素是由 C 型肉毒梭菌产生的一种神经毒素。

2. 技术优势

肉毒梭菌毒素是由肉毒梭菌产生的一种神经毒素，经口毒性为中等毒性，对牛、羊、鹰、灰背隼等非靶标动物较为安全，无二次中毒现象，适口性好，对高原鼠兔有较好的毒杀效果。主要采用小麦、燕麦、青稞等作为毒饵，防治 0.067 hm² 需要用饵料 100.0 ~ 200.0 g，用粮需求较大。此外，草原鼠害防控期多为秋冬和冬春季，此时粮食饵料水分少，适口性相对较差。因此，四川省甘孜州于 20 世纪 90 年代后期，采用 C 型肉毒素，分别以小麦、草粉粒作饵料配制毒饵，对高原鼠兔防治效果进行了试验。试验表明，应用 C 型肉毒素草粉粒毒饵防治高原鼠兔，防控效果可达 95.2%，优于 C 型肉毒素小麦毒饵（见表 3 - 2）。大面积灭治草原鼠害中，运用草粉粒作毒饵，不仅降低了饵料成本，而且更有利于 C 型肉毒素杀鼠剂的附着及药效的保持，因而是一种较理想的饵料。

表 3 - 2　C 型肉毒梭菌毒素杀鼠剂不同毒饵灭治高原鼠兔效果测定

处　理		重复次数	防前有效洞口/(个·hm⁻²)	防后有效洞口/(个·hm⁻²)	防控效果/%
试验样方	小麦毒饵	27	781.8	53.2	93.2
	草粒毒饵	27	804.5	38.6	95.2
大面积样方	小麦毒饵	39	896.3	89.6	90.0
	草粒毒饵	39	779.7	50.7	93.5

四、技术流程

肉毒梭菌毒素灭鼠流程如图 3 - 4 所示。

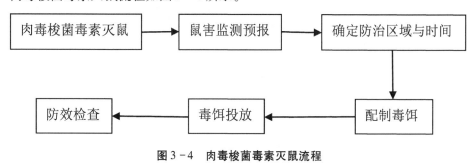

图 3 - 4　肉毒梭菌毒素灭鼠流程

五、技术内容

1. 确定防治区域

调查危害区域害鼠种群密度，以有效洞口密度是否达到防治指标确定防治区域。高原鼠兔防治指标为有效洞口密度≥150 个/hm²。

2. 毒饵配制

以草粉颗粒或青稞、小麦作为饵料为例，先在地上铺上一垫席（或塑料布），也可用铁盒，将草粉颗粒或小麦倒在垫席上，并摊成条状。肉毒素配制比例一般为药物：饵料 = 1 : 500（即 500.0 ml 药配 250.0 kg 饵料），将生物毒素倒入喷雾器，并加入适量水稀释、搅匀，其用水量以稀释后拌匀毒饵为准（一般一桶水 10.0 kg 可喷洒饵料400.0 kg）。然后，从草粉颗粒堆的一端开始喷洒，边喷边拌，至少搅拌 3 次以上即可使每一粒颗粒上均黏附有毒药。配制青稞、小麦或其他表面蜡质层较光的饵料，稀释量要适当减少，水少饵料黏不上毒素，水多造成药液流失影响防效。配制毒饵时应选择在背风阴凉处进行，避免太阳光直接照射，可用井水、河水或自来水，但温度应在0 ~ 10 ℃，不宜用碱性水配制。毒饵原则上现配现用，或者盖以塑料布置 12 h 或过夜后使用，但毒饵须在低温 2 ~ 5 ℃下存放，并在 3 d 内施完。

3. 投饵方法

草原鼠害防治一般采用均匀撒饵、带状投饵、洞口或洞群投饵等方法，投饵量为1 500 g/hm²，根据鼠种和密度，适量增减毒饵的投放量。洞口投放量为每洞 1 ~ 5 g，饵料是燕麦、小麦每洞投 5 ~ 10 粒。

4. 防效监测

投饵后 5 ~ 7 d 害鼠达到死亡高峰期，一般投饵后第 7 ~ 10 d 测定防治效果，调查害鼠残留有效洞口密度，计算防效。

六、应用案例

为寻求草原鼠害治理的最佳生物农药，提高灭治效果，减轻因灭治草原害鼠对环境的污染，1988 ~ 2004 年，四川省一直利用 C、D 型肉毒梭菌毒素进行草原鼠害灭治试验和示范。试验地选择在甘孜州的石渠、德格、色达和阿坝州的若尔盖等县的高寒草甸进行，试验地平均海拔 3 400 ~ 4 150 m，试验期间平均气温 -21.5 ~ -15.0 ℃，优势鼠种为高原鼠兔。由表 3 - 3 可知，C 型肉毒梭菌毒素灭治高原鼠兔平均灭效达93.5%，D 型肉毒梭菌毒素平均灭效为 92.1%。

表3-3　C型与D型肉毒梭菌毒素灭洞率

处理	重复次数	灭前有效洞口数/个	灭后有效洞口数/个	灭洞率/%
C型	81	398	26	93.5
D型	27	394	31	92.1
对照	27	371	365	1.62

七、注意事项

1. 贮存要求

肉毒素杀鼠剂应放置于阴冷避光的库房，用专用冰箱保存，与食品、饮用水及水源隔离。冻干剂产品2~8 ℃保质期为3年，5 ~18 ℃保质期为18个月，25 ℃保质期为6个月。水剂产品2~8 ℃保质期为1年，15 ℃保质期为6个月，25 ℃保质期为4个月。

2. 运输要求

肉毒素杀鼠剂与毒饵运输时不要在公共交通工具上携带未经包装的零散药剂及其毒饵，尽可能单独运输、专人押送，运输时要轻装、轻放，防止破损，避免高温和日晒。

3. 安全操作

药饵配制的操作人员应经过岗前培训，操作过程中，操作人员应戴齐手套、口罩等防护用具。药饵配制的场地应远离住房、畜圈、水源，设置明显的危险品或有毒化学品标识，禁止无关人员及禽畜等接近。毒饵应由专人照看，尽量用完，未投完的毒饵应及时回收处理。若有人畜中毒必须立即携带药品标签就医，用肉毒梭菌抗毒素血清治疗。

4. 禁牧要求

在投放肉毒素毒饵的草原鼠害防治区域的路口、牧道处悬挂禁牧标牌，禁牧时间为15~30 d，确保人畜的安全。

第四节　高寒草地引狐治鼠技术

一、技术概述

野化狐狸控鼠技术是将人工饲养繁殖的狐狸，经过短期野外生存能力训练，适应后有计划地释放到草原鼠害发生区，控制害鼠种群数量的生物控制技术。该技术是草原上天敌控鼠的一种新方法。2003年，宁夏回族自治区的一个自然保护区率先开展此项目；2006 年，新疆也建设了银黑狐驯化基地；2008 年，四川省从宁夏引进了银黑狐并在若尔盖、甘孜等县进行了试验示范。

二、关键术语

1. 银黑狐

银黑狐又名银狐，原产于西伯利亚东部地区，它是赤狐在自然条件下所产生的毛色突变种。体形较小，体表针毛分为 3 个色段，毛尖黑色，中段为白色，基部为黑色。成年雄狐体重 5.5 ~ 7.5 kg，体长 63.0 cm 左右。它能栖居于森林、草原、丘陵等各种不同环境。嗅觉及听觉灵敏，能听见百米之内老鼠的"吱吱"叫声，白天常伏卧于洞中，夜间出来活动觅食。常以小型哺乳动物、蛙、昆虫、软体动物为食；也采食野菜、野果充饥，食物中鼠类约占 70.0% 以上，每昼夜可捕捉 15 ~ 20 只鼠类，食 2 ~ 3 只，寿命为 10 ~ 14 年，繁殖年限为 6 ~ 8 年，每胎产 4 ~ 6 只仔狐。银黑狐善于奔跑，捕食能力强，抗病、抗饥饿能力都高于其他狐种。

2. 引进

外来物种通过人类活动转移到其过去或现在的自然分布范围及其潜在扩散范围以外地区的过程。

三、技术特点

1. 适用范围

该技术适用于川西北高寒草原鼠害发生区，结合草原鼠害防治工作，引入狐狸巩固灭效，达到持续控制害鼠数量的目的。

2. 技术优势

银黑狐奔跑速度快、动作敏捷、活动区域相对比较固定，捕食能力强，抗病、抗饥饿能力强，对地面鼠的控制效果明显。根据四川省内外大量试验示范工作经验总结，将引狐治鼠工作分为笼养育成、人工散养野化训练、自然散养野化训练三个阶段，明确了狐狸的选择、运输、释放、存活及控鼠效果监测等方法和技术要点。

四、技术流程

在具备水源条件且有一定数量的地面害鼠的草原区，可引进或人工饲养狐狸进行控鼠。其具体流程为：将狐狸野化训练后，选择在自然状态下有生存能力（包括奔跑速度、跳跃能力、捕捉活食能力、睡眠时间、打洞能力）的成年狐狸放归自然，并跟踪观测狐狸的活动，同时调查投放狐狸后草原害鼠密度的变化及评价控鼠效果。高寒草地引狐治鼠技术流程见图 3 - 5。

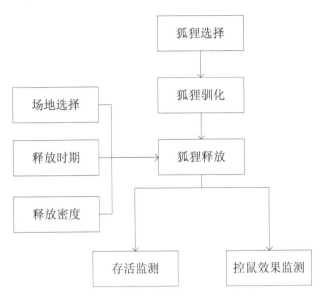

图 3 - 5　高寒草地引狐治鼠技术流程

五、技术内容

1. 狐狸选择

引入高寒草地的狐狸，应能适应高原气候，原产于高原或相似地区，一般为当年出生，6 ~ 7 月龄大小。狐狸应健康无病，引进前应进行检疫并具备当地兽医防疫部门出具的"动物检疫合格证明"和"动物及动物产品运载工具消毒证明"。引进狐狸时，雌雄性别比例应为 1 ∶ 1。

2. 狐狸野化

引进的狐狸应在野化场地经过野化训练，获得野外生存能力，具备捕捉活食、寻找水源、躲避天敌的能力。狐狸野化一般经过三个阶段。

（1）笼养育成阶段

5 月中旬至 6 月上旬，选择出生早、发育正常的仔狐分窝进行约 30 d 的育成饲养。期间加强饲养管理，增强仔狐体质，在饲喂人工配合饲料过程中，少量投放鼠肉、兔肉等食物。同时，接种犬用七联疫苗 2 次。

（2）人工散养野化训练阶段

7 月中旬至 8 月下旬，在育成的狐狸中，选择无血缘关系的狐狸若干对，投放到人工散养场地进行捕食训练，初步野化。每只狐狸散养面积 70 m²。初期以人工配合饲料为主，少量投喂活体食料，以后逐渐减少配合饲料，增加活体动物食料。8 月上旬全部改喂活鼠、活兔。

(3) 自然散养野化训练阶段

8月下旬至9月下旬，选择人为干扰少，有丘陵、沟壑、水源、植被茂盛的草原地段进行围栏自然散养，每只狐狸自然散养野化训练场面积 3 800 m²。按狐狸日食量 (2~3 只/d) 每隔 7 d 投放 1 次活鼠，共投放 5 次。

(4) 野化训练效果辨别

①食性变化。经野化训练的狐狸，捕鼠动作敏捷，具有贮藏剩余食物的行为，食谱较广，有捕食昆虫和采食牧草的行为。

②自我保护意识。野化后的狐狸，打洞能力不断提高，对外界声音刺激、其他动物及人为恐吓等反应灵敏，能迅速避险。

3. 狐狸运输

(1) 消毒防疫

狐狸在运输前，应对运输笼、用具消毒。启运前几天应在饲料中添加抗菌类或磺胺类药物。

(2) 分笼装运

狐狸在运输过程中，应单独装笼。做笼时网眼规格为 2.5 cm×2.5 cm，两笼中间的电焊网要用小眼，防止狐狸互相抓咬，一个笼装 1 只，每两个或四个笼为一组，装笼时公母相邻，防止逃跑。

(3) 缩时运输

狐狸在运输时应缩短时间，避免时走时停和中途变换运输工具，运输应在 4 d 内完成。

(4) 遮光运输

狐狸在运输过程中，应遮光，减少狐狸活动，保持安静，避免笼体冲撞和相互挤压。

(5) 增水缩食

狐狸在运输过程中，应保证饮水供给，保证食物质量，喂食不宜过多，每天喂食比正常次数减少 1~2 次。

4. 狐狸释放

(1) 释放场地的选择

①场地与面积。狐狸的释放场地应为高原鼠兔等地面鼠常发区，成片分布，危害面积 >6 500 hm² 的草原地区，海拔 <4 800 m，具浅丘和灌丛分布，附近有水源。

②远离居民区。狐狸的释放场地距居民地 >5.0 km，应设立标识牌，加大宣传和保护力度，减少人为活动和捕捉的影响，提高释放成功率。

③减少干扰。狐狸的释放场地应与招鹰鹰架分布区域留有一定距离，避免互相干扰，避免狐狸成为老鹰的捕食对象。

（2）释放时期

狐狸的释放时期一般选择在 9～10 月。

（3）释放密度

释放狐狸时，每处释放 3～4 对，间隔距离 10.0 km 左右。

5. 狐狸释放后监测

（1）存活监测

释放后观测狐狸粪便和借助高倍望远镜跟踪监测。黎明和傍晚时分，观测狐狸的存活、活动范围和种群大小。

（2）控鼠效果监测

狐狸释放一段时间后，按照规定调查释放鼠类密度，并进行中长期观测。调查表设置见表 3-4、表 3-5。

表 3-4　野化狐狸释放跟踪调查表

调查时间	释放地点经纬度/°	释放时间	释放数/只	存活数/只	活动半径/km	生产仔狐数/窝	生产时间	生产仔狐数/只	存活数/只

表 3-5　狐狸控鼠效果调查表

释放时间：

调查日期	样地编号	样方编号	样方经度/°	样方纬度/°	海拔高度/m
释放前	释放时间				
	有效洞口密度/(个·hm⁻²)				
	产草量/(g·m⁻²)				
释放后	调查时间				
	有效洞口密度/(个·hm⁻²)				
	产草量/(g·m⁻²)				

第五节　招鹰控鼠技术

一、技术概述

草原是我国面积最大的陆地生态系统，不仅为发展畜牧业提供物质基础和重要资源，而且对水土保持、调节气候、防风固沙、环境保护等方面都有重大作用和影响。近年来，由于气候变化和人为干扰加剧，导致草地退化；草地退化为鼠害的暴发成灾提供了适宜的环境条件，而鼠害的发生又加剧了草原的退化。草原鼠害防治应树立"绿色环保"的理念。目前，采取的生态治理、生物控制、物理诱杀等综合防治措施，已形成了"以生态控制和生物防治为主，化学、物理措施为辅"的技术路线。生态防控技术有利于减少草原防鼠化学药剂的使用，降低防鼠药剂对大气、水域、土壤、生物等造成的污染和影响，对维系草原生态系统、生物多样性具有重要意义。

招鹰控鼠技术是一种重要的草原鼠害生态防控技术，是基于草地生态系统的食物链和食物网结构，利用鼠类天敌将鼠类的种群数量控制在一定的范围之内，对抑制鼠害发生、降低危害程度和保护生物多样性等方面具有显著效果。招鹰控鼠技术对保障草地畜牧业安全生产，保护人类赖以生存的环境和资源，实现草地害鼠控制有着重要作用和意义。

二、关键术语

1. 招鹰控鼠

利用鹰与鼠之间的食物链关系，根据草原地区鹰类的栖息、繁殖和捕食等习性，安装一定高度和规格的鹰架或鹰巢，招引鹰类到害鼠分布区栖息，通过捕食草地鼠类进而实现控制害鼠的目的。

2. 鹰

本技术所称的鹰是指捕食草地鼠类猛禽的总称，包括隼形目、鸮形目的掠食性鸟类。在部分区域，包括雀形目的伯劳。

3. 鹰架和鹰巢

鹰架是指招引鹰类休憩或采食，并符合相应技术规格的钢质或水泥材质的装置。鹰巢是指招引鹰类筑巢，并符合相应技术规格的钢制或水泥材质的装置。

4. 鹰架利用率

单位时间和单位面积的调查区内有鹰类栖息或采食活动的鹰架占所有调查鹰架的

百分比。

5. 鹰巢筑巢率

单位时间和单位面积的调查区内有鹰类繁殖育雏的鹰巢占所有调查鹰巢的百分比。

6. 鹰架和鹰巢布置地点选择

安装鹰架和鹰巢的地段应选择有害鼠天敌等猛禽活动场所；地面平坦、开阔，远离高山、悬崖、沟底、树林、道路及定居点；鼠害发生严重的退化草地。

三、技术特点

1. 适用范围

招鹰控鼠技术适合于草原牧区地面活动的鼠类分布区域。

2. 技术优势

该技术利用鹰—鼠食物链关系，通过捕食区域内草原害鼠，实现持续控制种群密度的目的。该技术为非药物防治技术，避免了无药物防治过程中产生的鼠类抗药性、药物残留、其他生物二次中毒等弊端。不仅长期控制草原鼠害，而且有效保护草原生物多样性。

四、技术流程

鹰架控鼠技术流程见图 3 - 6 所示。

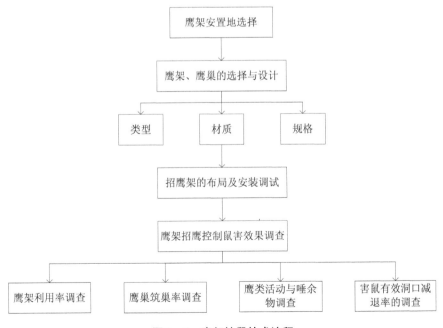

图 3 - 6 鹰架控鼠技术流程

五、技术内容

1. 招鹰架（巢）的类型、材质及规格

（1）类型

招鹰架（巢）由立柱、鹰架或鹰巢两部分组成。其中，立柱分为鹰架立柱和鹰巢立柱两种类型；鹰架分落鹰架和落鹰台两种类型；鹰巢分鹰巢架和鹰巢栏两种类型。

（2）材质

鹰架（巢）立柱材质为钢制或钢筋混凝土；鹰架和鹰巢材质为钢制。

（3）规格

①鹰架（巢）立柱。设置钢筋水泥立柱，用钢筋混凝土浇筑。水泥用42.5级普通硅酸盐水泥，内置1.2 cm螺纹钢立筋4根，每隔15.0 cm加0.65 cm箍筋一道，用扎丝捆绑在螺纹钢上。立柱顶部内置直径4.0 cm钢管20.0 cm，距顶部70.0 cm处预留固定孔。

● 鹰架立柱　采用小头边长为10.0 cm、大头边长为12.0 cm、高600.0 cm的钢筋水泥立柱。立柱的小头应设有长20.0 cm、直径为3.0 cm的钢管。

● 鹰巢立柱　采用小头边长为12.0 cm、大头边长为14.0 cm、高700.0 cm的钢筋水泥立柱。立柱的小头应设有长20.0 cm、直径为3.0 cm的钢管。

鹰架（巢）立柱置入地下100.0 cm，并灌注半径25.0 cm、高50.0 cm的水泥基座。

②鹰架。用10.0 cm×10.0 cm×50.0 cm的水泥柱，于立柱垂直对称横放为落鹰架。落鹰架中间对称部位应留有直径为4.0 cm的圆柱形空缺，安装时可将立柱顶端的钢管套入固定（如图3-7）。

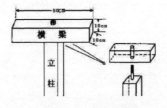

图3-7　鹰架示意图

③鹰巢

● 鹰巢架　用5.0 cm×5.0 cm×0.5 cm的角钢两根，每根长80.0 cm，以宽边为接触面，按垂直方向重叠焊接，并在焊接的重叠区域制作直径为4.0 cm的圆柱形空缺，安装时可将立柱顶端的钢管套入固定。

● 鹰巢　用直径为1.0 cm的钢筋焊接鹰巢外框，制作直径分别为50.0 cm、55.0 cm、60.0 cm的钢圈。将直径为50.0 cm的钢圈用钢筋焊接成网格状，网格大小

约10.0 cm×10.0 cm。用7根钢筋将3个不同大小的钢圈按照从下到上直径依次变大的顺序焊接，并将具有网格的钢圈焊接在鹰巢架上固定。在类似柱状的各框中装入野草便于鹰的采用（如图3-8）。

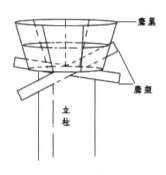

图3-8　鹰巢示意图

2.鹰架（巢）的布局及安装

（1）鹰架布局

鹰架可以一字形或纵横排列布局。地势平坦的草原鹰架相互间隔距离为700.0 m，每座鹰架控制面积49.0 hm²。地形起伏较大的草原鹰架间隔距离可以减小到500.0 m，每座鹰架控制面积25.0 hm²。

（2）鹰巢布局

鹰巢与鹰架的数量比例为4∶1，鹰巢以一字形排列，每隔4~7个鹰架设立一个鹰巢。也可以设置在纵横修建的鹰架中间，每4~6个鹰架中间设立一个鹰巢。

（3）鹰架（巢）的安装

①安装前的准备。施工前，结合1∶100 000地形图对控制区域进行实地勘察。规划设计安装线路和鹰架、鹰巢位点分布图，制定安装技术要点和工程进度表，并分发给各施工组。

②安装位点。位点采用人工拉线和使用全球定位系统（GPS）相配合的方法进行定位，如遇沟渠、陡崖、沼泽地、道路等而无法作为位点，位点可向前或向后移动适当位置。

③安装建设。将预制好的鹰巢架（栏）、落鹰架（台）、固定横梁等部件安装固定在鹰架（巢）立柱上，拧紧连接固定螺栓，并检查各连接部件有无松动。

④登记编号。安装完毕后，每一座鹰架（巢）都要统一编号造册，登记坐标位置并标注在1∶100 000地形图上，以备检查维护。

3.招鹰控制鼠害效果调查及方法

（1）调查内容

①鹰架利用率的调查。选择一定面积的鹰架设置区域，在一定时间内对鹰架上及

其四周地面鹰类排泄的粪便、唾余物（食团）及鼠类的内脏、毛皮等物进行调查，以确定该鹰架是否被鹰栖息或采食而利用。

②鹰巢筑巢率的调查。选择一定面积的鹰架设置区域，在一定时间内，以新建或建好的鹰巢进行调查，统计出有鹰新建或雏鸟出现的鹰巢数量。

③鹰类活动与唾余物。随机抽取 15 个鹰架，在猛禽的活动月份，每月 5 d 采用望远镜从每日 7：00 ~ 19：00 连续观测在人工招鹰架上停留的猛禽种类、停歇频率、时间等。鹰架下唾余物调查以月为单位，每次调查前扫净地面，然后在猛禽的活动月份逐月调查唾余物的数量，并带回实验室用显微镜对比毛发或骨骼检查捕获的啮齿动物种类。

④害鼠有效洞口减退率的调查。用堵洞盗洞法调查有效洞口减退率。在调查区设置鹰架控制区样地，面积为 1.0 hm²，3 次重复。将样地内所有的鼠洞用土堵上，24 h 后检查，被鼠盗开的洞口为有效洞。其计算公式为：

$$有效洞口减退率（\%） = [（A-B）÷A] \times 100\%$$

式中，A 为鹰架安装前有效洞口数；B 为鹰架安装后有效洞口数。

（2）调查方法

将整个控制区域以自然山水、道路为界，划分为若干控制小区，在控制小区内每 1×10^3 hm²，即 10 座鹰架（8 座落鹰架、2 座鹰巢架）作为一个调查单元，依据不同草地类型或生境，选择有代表性地段进行取样调查，取样数量 5 个（4 座落鹰架、1 座鹰巢架），进行鹰架利用率、筑巢率及有效洞口减退率的调查。在进行有效洞口减退率调查时，样方面积为 0.25 ~ 1 hm²：建设面积大于 3.33×10^5 hm² 时，调查样方面积为 0.25 hm²；建设面积小于（包括）3.33×10^5 hm² 时，调查样方面积为 1 hm²。

第六节　弓箭灭治鼢鼠技术

一、技术概述

鼢鼠长年栖居地下，危害农作物、牧草和树木幼苗的地下部分，对农、林、牧生产造成严重威胁，同时还破坏交通、梯坎等水利水保工程，为我国草原分布区活动频繁、猖獗成灾的害鼠之一。

采用人工弓箭捕捉法，应用于高原鼢鼠的灭治，是甘肃、青海、四川等地从 20 世纪 80 年代开始长期采用的一种行之有效的方法。由于高原鼢鼠有封洞习性，可用弓箭捕杀，当高原鼢鼠堵洞时，触动挡棍，牵绳放松，箭借弦力射下，可射中鼢鼠。由于春季食物缺乏，又是高原鼢鼠取食、交配时间，秋季鼢鼠需要储备食物，因此这两个季节是高原鼢鼠危害草原的高峰期，也是组织民工进行连片集中捕捉的最佳时期。具体放置方法：探找并掘开新鲜洞道，在靠近洞口处将洞顶上部土层削薄，插入粗铁丝制成的利箭，并设置触发机关。待鼢鼠封堵暴露洞口时，触动触发机关的瞬间利箭射中身体而捕杀。

二、关键术语

1. 鼢鼠

鼢鼠是指在川西北牧区主要危害的高原鼢鼠、中华鼢鼠等啮齿目仓鼠科鼢鼠亚科营地下生活的鼠类。

2. 弓箭

模仿弓箭原理制作的一种捕杀鼢鼠的弓形装置或器械。

3. 探钎

探钎是指用钢筋或铁丝制成的"T"字形或"P"字形器具，下端稍尖利，用来插入土中探找鼠类的洞道。

4. 探道

探道是指用探钎反复插入土中，根据受到阻力的大小，探测出洞道的过程。

5. 箭

用铁（钢）丝制成的前端锋利、尾端带圆形环的铁（钢）丝钎，是弓箭触发后刺杀鼠身体的部件。

6. 吊绳

连接弓箭架、平衡棍和触发点的绳索，是弓箭触发机关的主要部件之一。

7. 平衡棍

连接吊绳、引发端、弹性橡皮胶带和箭的短木棍，是弓箭触发机关的主要部件之一。

8. 引发率

触动机关使弓箭引发的概率。

9. 有效土丘

有效土丘是指有鼢鼠活动的土丘。

10. 有效土丘群

有效土丘群是指一只鼢鼠在其活动范围内形成的所有有效土丘组成的相对独立的群体。通常把某些相对集中的土丘称为一个土丘群。

三、技术特点

1. 适用范围

弓箭灭鼢鼠技术适合于草原牧区地下活动的鼢鼠分布区域。

2. 技术优势

该技术弓箭制作成本低，而且取材方便，可长期使用。对营地下生活、洞口不外露的高原鼢鼠，弓箭法是目前大面积灭治的一种行之有效的方法。以重度鼠害地为例，一般有鼢鼠 19 只/hm² 以上，灭一只少一只，每人每天可直接确保草场鼠害防治面积 1.0~2.0 hm²。该技术的应用大大地节约饵料和药品，成本相对较低；不受任何条件限制，而且对生态环境不造成污染，非常安全，且采用人工弓箭捕捉高原鼢鼠效果俱佳。鼢鼠营单洞独居生活，只要组织得力，在新鼠丘旁挖开洞道，设置弓箭，捕获率可达98%。

四、技术流程

弓箭灭鼢鼠技术流程如图 3-9 所示。

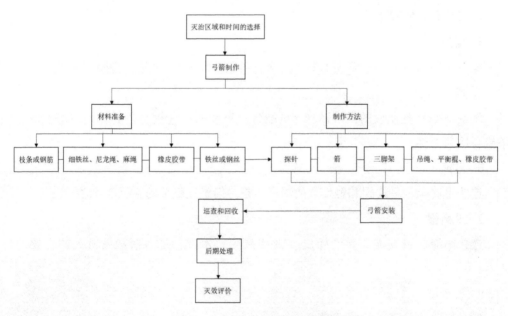

图 3-9　弓箭灭治鼢鼠技术流程

五、技术内容

1. 灭治区域与时间

（1）灭治区域

根据调查结果，按照集中连片的原则，选择鼢鼠活动频繁、新土丘密度达到防治指标的区域。

（2）灭治时间

选择鼢鼠活动和危害高峰期进行灭治，一般在每年的 4~6 月和 9~10 月。

2. 弓箭制作

（1）材料准备

选用直径为 1.0~2.0 cm，直形、有一定强度的枝条或钢筋；可以用来绑固枝条或钢筋的细铁丝、尼龙绳或麻绳；拉抻性能好、收缩力大的橡皮胶带；直径为 0.8 cm 和 0.5 cm 的铁丝或钢丝。

（2）制作方法

①探钎。截取直径为 0.8 cm、长 80.0~100.0 cm 的铁丝或钢丝，制成"P"或"T"字形状。

②箭。截取直径 0.5 cm、长 50.0 cm 的铁（钢）丝，制成前端锋利、末端圆形环。

③三脚架。截取直径 1.0~2.0 cm、直形的枝条或钢筋，用细铁丝或绳索绑固成平面三角形，边长 65.0~70.0 cm，底长约 50.0 cm。

④吊绳、平衡棍和橡皮胶带。从顶端绑好 50.0~60.0 cm 的吊绳并在稍下方设置 10.0 cm 的平衡棍；用自然周长为 30.0~40.0 cm 的弹性较好的橡皮胶带，固定在箭和三脚架的底边上。

3. 弓箭安装

（1）选择有效土丘群

根据土丘的新鲜程度和土丘的分布形状，确定有效土丘群。

（2）确定安装弓箭的数量

一般一个有效土丘群安装 1~3 个弓箭。

（3）探道

利用探钎在新鲜土丘附近穿刺，根据刺入泥土中受到的阻力大小判断高原鼠洞道的位置，刺入时受到的阻力较小、有落空感时，表明地表下有洞道。

（4）开洞

探得洞道后，用铁锹铲开草层，剖开洞道，露出洞口，将洞口削平。

（5）判断鼠只走向

洞道剖开后，观察洞道内壁形状，根据洞道内草根的走向，结合洞道内壁鼠唇抵触的凹点、内壁的光滑程度判断鼠只的走向。

（6）弓箭安装

①安装位置及处理。在挖开的洞口距鼠只走向相反方向的 10.0 cm 处，将洞道上部表土层削薄、削平，保持土层厚度 10.0~15.0 cm，在此处安装弓箭。

②安装弓箭。用支撑杆或石块固定三脚架，使三脚架的平面垂直于地面，用吊线在顶端位置缠住平衡棍。用探钎向洞道正中方向打一个孔，将箭插入洞中，无箭头露入洞道为宜；箭的末端套住橡皮带，拉开橡皮带套在平衡棍上。

③设置触发机关。吊绳一端固定在平衡棍上，另一端用土块或木棍固定在鼢鼠的洞道中，设置成触发机关，保证鼢鼠触碰到时能够灵敏地松开。

④封堵鼠道。用土或草皮堵住鼠道，待鼢鼠封堵洞口时，触动触发机关使箭射中鼢鼠身体。

弓箭制作与安装如图 3 - 10 所示。

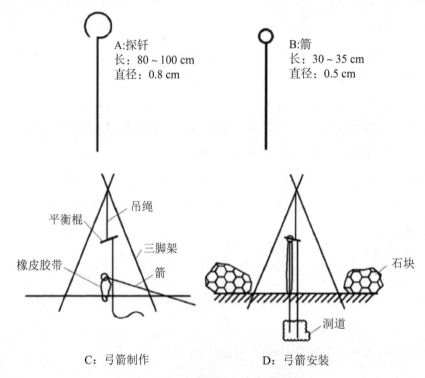

A:探钎
长：80 ~ 100 cm
直径：0.8 cm

B:箭
长：30 ~ 35 cm
直径：0.5 cm

吊绳
平衡棍
三脚架
橡皮胶带
箭

石块
洞道

C：弓箭制作

D：弓箭安装

图 3 - 10　弓箭制作与安装示意图

（7）控制人畜活动

在安装弓箭期间，灭治区域内禁止人畜活动，应避免非鼠类动物触动、破坏安装的设置。

4. 巡查与回收

弓箭安装后应不定期巡查，回收引发的弓箭和中箭的鼢鼠。若发现有中箭的鼠只应立即取出，并将引发了的弓箭移到另一个未安装的有效土丘群重新安装。在鼢鼠活动高峰期应增加巡查次数。

5. 后期处理

（1）洞道回填

取出鼠只和弓箭后，应填补挖开的洞口。最好使用原来的草皮，以利于植被恢复。

（2）鼠只处理

将回收的鼢鼠尸体集中，做深埋处理，埋深应不小于 1 m，并撒施石灰消毒，掩埋后进行植被恢复。

6. 灭效评价

（1）评价指标

①弓箭引发率应大于95%。

②灭治后新土丘密度应低于 150 个/hm²。

③灭洞率或灭鼠率平均在90%以上。

（2）调查统计相关公式

①鼢鼠密度。

$$D = Q/S$$

式中，D 为鼢鼠密度（只/hm²）；Q 为标准地内鼢鼠数；S 为标准地面积。

②引发率。

$$R = \frac{A_i}{A} \times 100\%$$

式中，A_i 为鼢鼠触动过引发的弓箭数量；A 为鼢鼠触动过的弓箭总数量。

③灭治效果。以灭洞率或灭鼠率表示，参照 NY/T1240—2006 标准执行。

第七节　草原杀鼠剂引进试验技术

一、技术概述

为了提高草原鼠害防治的效果、降低防治成本、提高防治效率，避免长期使用相同农药使害鼠产生耐药性，需要不断地进行新农药、新技术的引进和推广。四川省草原鼠害多分布在高原地区，草原鼠种、鼠害程度等与其他省份差异巨大，地形地貌复杂、气候条件多样，使用新型农药需要根据全省各地的特点进行试验示范，掌握新型农药的运输、存贮方法，制订合理的施用方案、剂量、禁牧方案等。2000 年起，四川省草原工作总站在州、县级草原站的支持下，先后在石渠、德格、色达和若尔盖等县开展 C 型肉毒素、D 型肉毒素、鼢灵等杀鼠剂的引进试验；在石渠、若尔盖县应用以蓖麻毒素为主体成分的植物源杀鼠剂进行了鼠害防治应用试验，在若尔盖县开展了雷公藤甲素不育剂、短稳杆菌杀虫剂等多个新农药引进试验。通过探索实用、简便的试验方法，获取了大量试验数据，积累了丰富的实践经验，其中从青海引进的 C 型肉毒素、D 型肉毒素杀虫剂成为四川省草原鼠害防治不可替代的药剂，并一直沿用至今。本技术是在收集全省防治草原鼠害常用生物农药、化学农学相关资料的基础上，参考农药田间试验方法，结合高原气候和自然地理特点而编制。

二、关键术语

1. 杀鼠剂引进试验

此试验为确定新的草原杀鼠剂品种能否大面积推广应用，在经过农药室内实验、小区试验证明有效并获得国家登记后，进行的大面积试验。目的是在自然条件下研究、比较几种不同的农药药效，鉴定出最有效、最经济、最安全的农药品种，同时确定其最低有效使用剂量或浓度及其他关键技术等。

2. 杀鼠剂最适剂量

杀鼠剂最适剂量是指杀鼠剂最低有效使用剂量，是按照尽量减少农药使用的原则，在不明显降低灭鼠效果的前提下，能达到草原鼠害防控的目的，同时不破坏农药对害鼠的适口性，而确定的大面积应用推广的剂量。

3. 杀鼠剂适口性

杀鼠剂适口性是指动物、宠物对杀鼠剂或杀鼠剂毒饵的采食积极性和采食频率。

三、技术特点

1. 适用范围

该技术适用于四川省川西北草原地区鼠害防治农药的引进试验，其他草原地区可参照执行。

2. 技术优势

草原鼠害新药物引进试验的目的是为了筛选出更适宜的草原鼠害防治药物，农药引进试验在实验方法的精确控制、测量手段上难以达到田间试验的水平，无法检测农药的残留量、是否有二次中毒情况，仅注重农药的实际应用效果和效率等。引进试验更倾向于大面积推广前的小范围应用试验，制订一套科学、简便的技术方法，规范和指导新农药引进的试验示范，能显著提高草原鼠害防治效果、工作效率，提高防控技术水平，有效增加防治作业中的人畜安全性，降低农药对环境污染的风险。

四、技术流程

在掌握当地草原害鼠种类、分布情况的基础上，根据农药厂家提供的资料，包括药剂名称及含量、有效成分、配比等，有针对性地选择新农药，并制订试验方案。将试验药物设成低、中、高等3个以上的浓度梯度，将常用的剂型及作用方式与之相近的鼠药作为对照药剂，确定试验区、试验小区及其排列和重复数量，明确使用浓度、施用方法、施药次数、施药时间，组织开展配药、施药。按照害鼠分布的特点，按棋盘法、平行线法或"Z"字形法等确定调查取样方法，确定调查时间和次数，组织开展施药前、后鼠密度调查，观测农药对害鼠、害鼠天敌及环境的影响情况，计算试验药物的防治效果，评价试验农药对环境的安全性，总结新药物的使用方法，并针对该药物提出推广建议。

草原杀鼠剂引进试验技术流程如图3-11所示。

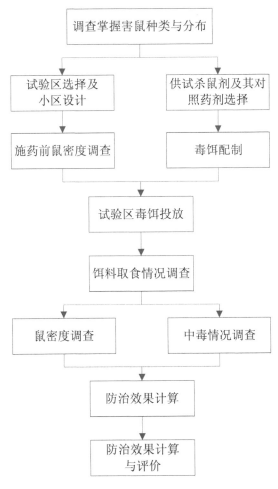

图3-11 草原杀鼠剂引进试验技术流程

五、技术内容

1. 试验条件

试验安排在优势鼠种发生与危害较重的地区进行，试验区内的生态条件（如草原植被类型、土壤条件、地势地貌、害鼠的种类和密度以及气候条件）基本一致，并在当地具有较强的代表性。将当地达到防治指标的草原优势鼠种，作为试验防治的鼠种（靶标动物）。常见的草原害鼠防治指标为：高原鼢鼠新土丘 >150 个/ hm^2；高原鼠兔有效洞口 >150 个/ hm^2；青海田鼠有效洞口 $>1\,500$ 个/ hm^2。

2. 试验设计

（1）供试杀鼠剂及其对照药剂的选择

供引进试验的杀鼠剂必须是国家批准上市、大田试验检验的产品。在试验设计前，充分了解需引进杀鼠剂的特点，包括药效、对环境安全性、使用成本等。杀鼠剂的选择应注重的事项：一是有杀鼠剂生产厂家提供的农业部认证单位药效试验报告，产品说明书及产品成分、有效期、解毒药、中毒症状以及药饵保存条件等标识；二是优先选用防治效果好，对天敌无二次伤害、环境友好型的生物药剂，不宜选择当地已经使用过的或产品成分相同的杀鼠剂；三是综合考虑当地的气温、海拔等自然条件，贮存、运输条件，大面积推广成本等；四是未注册登记、用于科学研究或小范围药效试验的杀鼠剂，需经省级草原管理部门批准。

选择在当地防治该鼠种应用效果比较好的杀鼠剂作为试验的对照药剂。一般情况下，对照药剂的类型和作用方式应与试验药剂相近，并使用当地常用剂量，基饵及毒饵配制方法应同试验药剂一致。

（2）试验小区设计

设置试验药剂、对照药剂和空白对照的小区处理，各小区间要尽可能利用道路、河沟、山坡等进行自然隔离，自然隔离要求在200.0 m以上。设置3~5个不同杀鼠剂施用剂量的试验小区，以杀鼠剂使用说明书的常规使用剂量为中间值，分别递增、递减1~2个剂量梯度，但不超过说明书规定的最高用药量；各设置1个对照药剂和空白对照小区。各小区面积不少于33.3 hm^2，尽可能为正方形。试验重复2次以上。

3. 施药方法

按试验设计的要求，选择对害鼠适口较好的基饵，配制成不同浓度、含量的杀鼠剂毒饵。成品的杀鼠剂毒饵，可按单位面积内的投放量设置剂量梯度，通过人工投放的方法分施到各试验小区。饵料配制、投饵时间和投饵方法参照杀鼠剂产品说明书及《农药田间药效试验准则（二）》第68部分《杀虫剂防治农田害鼠》（GB/T 17980.68—2004）执行，毒饵配制、投饵安全管理按《草原鼠害安全防治技术规范》（NY/T 1905—2010）执行。

4. 调查与评价

（1）灭效调查

在投饵前后分别对各小区进行鼠密度调查。投饵后调查毒饵取食情况、死鼠中毒情况，并计算防治效果，以及评价杀鼠剂对其他生物、人畜、天敌及环境的影响。具体内容与方法如下：

①记录试验期间气象信息。包括降雨次数、降雨量（类型和日降雨量，以 mm 表示）和温度（日平均温度、最高温度，以℃表示）。数据应来自最近的气象站或最好在试验地记录。恶劣气候因子在试验期间可能影响试验结果，如严重或长期干旱、暴雨等。

②描述试验区生态环境。记录地形、土壤类型、灌溉条件、植被（作物类型、杂草等）、害鼠种类、天敌种类等方面的资料。

③调查的方法、时间和次数

●鼠密度调查　依据防治鼠种确定选用堵盗洞法或夹夜法调查鼠密度。前者应堵塞各处理小区内的所有鼠洞，24 h 后调查盗开洞的数量，以有效洞数个/hm² 表示所有鼠密度。后者每个处理小区布 300 夹夜，记录捕获鼠种及数量，以夹捕率表示鼠密度。在整个试验过程中，鼠密度调查一般需进行 3 次。急性杀鼠剂选择在投饵前及投饵后的第 3 d、第 7 d 调查；慢性杀鼠剂选择在投饵前及投饵后的第 10 d、第 15 d 调查。

●饵料取食情况调查　各处理固定 20 个以上的饵点，投饵后连续观测 3 ~ 5 d，称量饵料，记录每日每点的消耗量。

●中毒情况调查　投饵后，连续调查 5 ~ 20 d（视急、慢性鼠药的差别而定），逐日收集解剖并记录各处理中毒死亡鼠体的种类、数量和中毒症状，同时注意收集人畜禽及天敌动物中毒的有关情况。

（2）防治效果计算

根据试验数据，绘制杀鼠剂使用剂量与防治效果曲线，综合考虑药物成本、毒饵对害鼠的适口性、对天敌及环境影响等因素与药物防治效果之间的关系，参考产品的相关资料，确定当地最适合的单位面积使用剂量（最适剂量）。

①药效计算方法

防治效果 =（1 - 空白对照区药前密度×处理区药后密度/空白对照区药后密度×处理区药前密度）×100%

式中，密度既可以是有效调查数，也可以是捕获率，只要前后一致即可。

②摄食系数计算公式

$$摄食系数 = 毒饵消耗量/无毒饵消耗量$$

③死鼠曲线绘制及说明。根据逐日收集的防治鼠种鼠尸的数量，绘制曲线，编写说明。

④对其他生物的影响。对其他害鼠的防治效果依据密度调查和收集鼠尸的有关数

据，对其他害鼠的防治作用做出客观的评价；对其他非靶动物的影响，主要说明试验期间药剂对人、畜、禽的安全性及引起天敌动物二次中毒等方面的相关情况。

（3）结果与评价

对试验数据用相应的生物统计学方法进行分析，写出正式试验报告，并对试验结果加以分析、评价。总结该杀鼠剂在运输、贮存和使用等各个环节中的关键技术，为大面积推广提出技术方案。出现下列情况之一的，确定该杀鼠剂不宜引进：

①防治效果达不到要求，生物防治药剂防治效果在 80.0% 以下，化学药剂在 90.0% 以下的。

②按规范使用过程中，出现作业人员中毒的。

③明显对牲畜、鸟类、鹰、狐狸及其他天敌和野生动物有伤害的。

④在当地光照、温湿度气候环境及现有的贮存、运输和施用设备条件下，容易失效的。

⑤药物购买、运输成本太高，不能完成草原鼠害防治任务的。

第八节　草原化学杀鼠剂安全应用技术

一、技术概述

早期使用的杀鼠剂主要是无机化合物如黄磷、亚砷酸、碳酸钡等，以及植物性药剂如红海葱、马钱子等，药效低、选择性差。20 世纪 40 年代后期陆续出现有机合成杀鼠剂，种类繁多，性质各异。40 年代末出现的抗凝血剂，开辟了新的杀鼠剂类型，提高了大规模灭鼠的效果，并减少了对其他动物的危害，也不易引起人畜中毒。以杀鼠灵为代表的多种抗凝血剂，称第一代抗凝血杀鼠剂，曾大量推广使用。1958 年，英国首先发现褐家鼠对杀鼠灵产生了抗药性，其他品种的杀鼠效果也降低。为此，许多国家探求新的杀鼠剂。70 年代初，英国出现鼠得克，1977 年德国开发出溴敌隆。70 年代末，英国又试验成功大隆等新抗凝血杀鼠剂，其特点是杀鼠效果好，且兼有急性和慢性毒性，对其他动物安全，称第二代抗凝血杀鼠剂。

草原鼠害是川西北草原牧区的主要生物灾害之一。近年来，受人为因素和气候变化的影响，川西北牧区草原害鼠种群密度上升，导致草原生产力下降，生物多样性丧失，水土流失加重。在鼠害严重危害区，土壤有机质和土壤母质被推到地表经风蚀以后逐渐沙化，严重威胁着草地生态环境安全。采用草原化学杀鼠剂灭治草原害鼠，可有效改善草原生态环境，提高草原生产力，对维护民族地区稳定、增强地区经济繁荣、建设美丽乡村等均具有十分重要的作用。安全使用草原化学杀鼠剂是有效控制草原害鼠集中暴发的重要手段之一。防治草原鼠害的同时，必须注意人、畜安全。

二、关键术语

1. 杀鼠剂

杀鼠剂是用于控制鼠害的一类农药。狭义的杀鼠剂仅指具有毒杀作用的化学药剂，广义的杀鼠剂还包括能熏杀鼠类的熏蒸剂、防止鼠类损坏物品的驱鼠剂、使鼠类失去繁殖能力的不育剂、能提高其他化学药剂灭鼠效率的增效剂等。按杀鼠作用的速度可分为速效性和缓效性两大类。按来源可分为无机杀鼠剂、植物性杀鼠剂、有机合成杀鼠剂等 3 类。按作用方式可分为胃毒剂、熏蒸剂、驱避剂和引诱剂、不育剂 4 大类。

2. 草原化学杀鼠剂

草原化学杀鼠剂是指专用于控制草原有害啮齿动物的化学药剂。目前，四川牧区草原常用的化学杀鼠剂为氯敌鼠钠盐。

3. 草原化学杀鼠剂安全应用技术

草原化学杀鼠剂安全应用技术就是从草原化学杀鼠剂和毒饵的采购、运输和保管，草原化学杀鼠剂和毒饵的安全使用，工作人员的选择和个人防护等方面，规范草原化学杀鼠剂的安全使用。

三、技术特点

1. 适用范围

草原化学杀鼠剂安全应用技术适用于川西北及其周边各类草原鼠害危害区域的应急防治。重点针对高原鼠兔、高原鼢鼠、高山姬鼠、藏鼠兔、青海田鼠、苛岚绒鼠、玉龙绒鼠等害鼠的应急防治。

2. 技术优势

选择适宜的草原化学杀虫剂是防治草原害虫的最基础条件，合理使用草原化学杀虫剂是提高防治草原虫害的关键，正确喷洒草原化学杀虫剂是确保人、畜安全的保障。本技术是从正确选购草原化学杀虫剂、安全使用制度、禁止限制农药、安全使用技术、施药安全防护、农药安全贮存等方面进行规范，可有效防治减少人、畜中毒事件的发生。

四、技术流程

从害鼠调查入手，准确掌握害鼠种类，选购合适的草原化学杀鼠剂，正确选用防治器具、灭治方法、灭治时间、人员选择、毒饵配制、毒饵投放、器具清洗、药物保管等。草原化学杀鼠剂安全应用技术流程如图 3-12 所示。

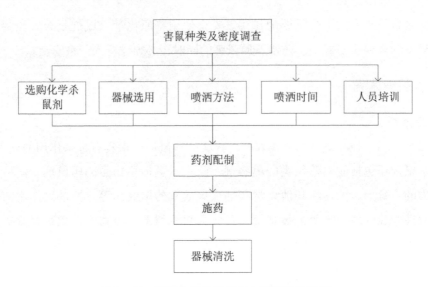

图 3-12　草原化学杀鼠剂安全应用技术流程

五、技术内容

1. 使用范围

凡已制定有"农药安全使用标准"的化学杀鼠剂品种，均按照"标准"要求执行。尚未制定"标准"的品种，执行下列规定：

①高毒化学杀鼠剂。除杀鼠剂外，其他农药不准用于毒鼠。氟乙酰胺禁止在农作物上使用，不准做杀鼠剂。

②高残留化学杀鼠剂。不准在果树、蔬菜、茶树、中药材、烟草等土地上使用。

③禁止用化学杀鼠剂毒鱼、虾、青蛙和有益的鸟兽。

2. 草原化学杀鼠剂和毒饵的购买、运输和保管

（1）草原化学杀鼠剂由使用单位通过政府采购集中购买，注意化学杀鼠剂的品名、有效成分含量、出厂日期、使用说明等，鉴别不清和质量失效的农药不准使用。

（2）运输草原化学杀鼠剂时，应先检查包装是否完整，发现有渗漏、破裂的，应用规定的材料重新包装后再运输，并及时妥善处理被污染的地面、运输工具和包装材料。搬运草原化学杀鼠剂时要轻拿轻放。

（3）使用单位、专业化防治队伍，等应当建立草原化学杀鼠剂使用和进出仓库记录，如实记载使用草原化学杀鼠剂的时间、地点、对象以及草原化学杀鼠剂的名称、用量、生产企业等。草原化学杀鼠剂使用记录应当保存 2 年以上。

（4）饵料可集中采购，也可根据当地粮食生产情况购买。川西北牧区，常用饵料有大米、小麦、燕麦、牧草颗粒等。

3. 草原化学杀鼠剂和毒饵的使用

（1）草原化学杀鼠剂使用者应当严格按照草原化学杀鼠剂的标签标注的使用范围、使用方法和剂量、使用技术要求和注意事项使用草原化学杀鼠剂，不得扩大使用范围、加大用药剂量或者改变使用方法。草原化学杀鼠剂使用者不得使用禁用的草原化学杀鼠剂。

（2）草原化学杀鼠剂使用者应当保护环境，保护有益生物和珍稀物种，不得在饮用水水源保护区、河道内丢弃草原化学杀鼠剂、草原化学杀鼠剂包装物或者清洗施药器械。严禁在饮用水水源保护区使用草原化学杀鼠剂。

（3）配制毒饵时，要戴胶质手套，严禁用手拌药，必须用量具按照规定的剂量称取药液或药粉，不得随意增加用量。如使用的草原化学杀鼠剂无警告色，应人为加入警告色，加入的警告色应易与毒饵混合且不影响害鼠采食。常用的警告色有食品红、食品灰、亮蓝、红墨水等。

（4）配置毒饵时应选择远离社区、牲畜棚圈、饮用水源、居民点的安全地方，晾晒时要有专人看管，严禁杀鼠剂、毒饵丢失或者被人、畜、家禽等误食。

（5）草原化学杀鼠剂和毒饵应在专业库房存放，不得与粮食、蔬菜、瓜果、食品、日用品等混放，并设专人保管。门窗要牢固，通风条件要好，门要加锁。

（6）草原鼠害防治时，要尽量采用大、中、小型机械投饵，如用手工投饵必须戴防护手套，以防皮肤吸收中毒。投饵时不准带小孩到作业地点。发放毒饵时必须采取实名制领取，并严格做好记录。

（7）配制毒饵或毒饵投放器具、机械要有醒目标志，统一使用、统一保管。投放毒饵区域应及时发出通告，设立警告牌，在一定时间内禁止放牧，以防人、畜中毒。

（8）实施飞机防治鼠害时应建立健全各项规章制度，如机场安全保卫制度、毒饵安全运输保管装机制度、飞机安全飞行管理制度、地面工作人员工作注意事项等。

（9）灭鼠工作结束后，要及时将投饵器械清洗干净，连同剩余的杀鼠剂一起交回仓库保管，不得带回家。清洗药械的污水应选择安全地点妥善处理，不准随地泼洒，防止污染饮用水源和养鱼池塘。盛过杀鼠剂的包装物品，不准用于盛粮食、油、酒、水等食品和饲料。

4. 工作人员的选择和个人防护

（1）工作人员应选拔工作认真负责、身体健康的青壮年担任，并经过一定的技术技能培训。

（2）工作人员在投饵期间不得饮酒，禁止吸烟、吃东西，不能用手擦嘴、脸、眼镜。每日工作后喝水、抽烟、吃东西之前要用肥皂彻底清洗手、脸和漱口。被杀鼠剂污染的工作服要及时换洗。

（3）工作人员如出现头疼、头昏、恶心、呕吐等症状时，应及时离开施药现场，脱去污染的衣服，漱口，擦洗手、脸和皮肤等暴露部位，及时送医院治疗。维生素 K 是抗凝血剂类药品的特效解毒药剂。

第九节　草原鼠荒地综合治理技术

一、技术概述

草原鼠荒地主要因鼠类危害、超载过牧及水蚀、风蚀、冻融等因素相互作用，引起草原严重退化的次生裸地。受人为因素和气候变化的影响，青藏高原部分地区草原退化严重，高原鼠兔、高原鼢鼠、青海田鼠等啮齿动物分布广，危害重，鼠类的打洞、掘土行为形成土丘覆盖植被，采食牧草根部致牧草枯死，加上牲畜的采食和践踏，受害严重的草原退化成土壤裸露、植被稀少的鼠荒地。在鼠荒地上，废弃鼠洞、鼠丘和侵蚀沟使地表变得千疮百孔，支离破碎，每逢土壤解冻的刮风季节，遍地"黄龙"滚滚，若遇旋头风，表土被裹卷扬升高达数百米，扬沙波及数十千米，鼠荒地加速了草场荒漠化的进程。由于草原鼠荒地大多分布在 3 500 m 以上的高海拔地区，牧草生育期短，自然恢复演替能力弱。因此，必须采取切实可行的治理措施，加大草原鼠荒地综合治理力度，推动治理进程，尽快把草原鼠荒地危害损失降到最低水平，同时需要对草原鼠荒地的分布、害鼠种类、密度及危害程度以及草原植被等进行及时、准确的监测，对草原鼠荒地进行分类分级，根据不同危害等级提出治理模式和对策，为各级草原行政主管部门和草原技术管理部门综合治理草原鼠荒地提供决策依据和技术支撑。

二、关键术语

1. 鼠荒地

鼠荒地是指因鼠类危害、超载过牧及水蚀、风蚀、冻融等因素相互作用，引起草原严重退化的次生裸地。主要表现为草原植被覆盖度大幅降低、秃斑明显增加、可食牧草显著减少。其植被盖度一般低于 40.0%，秃斑地比例大于 40.0%，可食牧草比例低于 20.0%。含黑土滩、沙化等严重退化草原，主要有沙化型鼠荒地、沼泽退化型鼠荒地等类型。

2. 秃斑地

秃斑地是指在人为和自然因素作用下，草原生态系统被破坏，原草原植被的草皮层被剥蚀后形成的斑块化裸地。包括土丘、洞口、跑道、秃斑、塌洞和镶嵌体等裸露地块。

3. 秃斑率

秃斑率又叫破坏率，为样方内裸露地块面积占样方总面积的百分率。

4. 可食牧草

可食牧草是指家畜可以食用，且不致中毒的各类草地植物（含饲用灌木和饲用乔木的嫩枝叶）。

5. 可食牧草比例

可食牧草比例是指地上可食牧草的鲜重占样方中地上生物鲜重总量的百分比率。

6. 原生植被盖度

原生植被盖度，一般是指在自然条件下，未被采食或破坏的以当地优势植物（草本植物或家畜可采食嫩枝叶的灌木）为主的植物群落的覆盖度，以区域内植被垂直投影面积占地表面积的百分比表示。

三、技术特点

1. 适用范围

该治理技术适用于青藏高原及其周边各类草原鼠荒地的综合治理。

2. 技术优势

通过适时监测草原鼠荒地的分布、害鼠种类、密度及危害程度以及草原植被概况等指标，制订分级及评价指标，划分危害等级；根据危害等级提出不同治理模式和措施。因地制宜，分类治理；优先治鼠，持续控制；综合措施，恢复植被；合理利用，严禁超载，达到综合治理的目的。

四、技术流程

以鼠荒地调查及危害状况监测为基础，选定具有代表性的区域作为鼠荒地综合治理研究区，采取以生物防治为主，以物理防治、化学防治、天敌保护为辅来进行草地灭鼠，再配以围栏封育、补播、施肥等改良措施、人工草地建植和合理利用等优化技术，对鼠荒地进行综合治理。观测草原鼠荒地综合治理效果，对治理后的草原鼠荒地进行合理利用。

草原鼠荒地综合治理技术流程如图 3-13 所示。

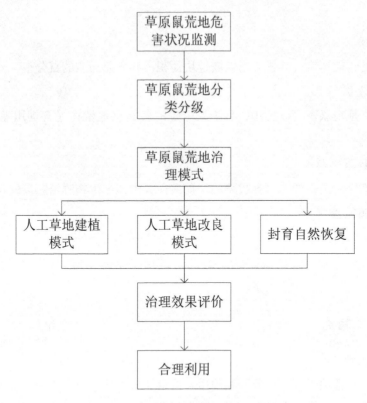

图 3-13　草原鼠荒地综合治理技术流程

五、技术内容

1. 鼠荒地分类分级

（1）分类

按地形分为 3 类：平坝、缓坡、陡坡。

①平坝：坡度为 0°~7°。

②缓坡：坡度≥7°，＜25°。

③陡坡：坡度≥25°。

（2）分级

主要依据害鼠种群密度及秃斑地、可食牧草等所占比例，分为 4 级：轻度、中度、重度和极度。

草原鼠荒地分级及评价指标见表 3-6。

表 3-6　草原鼠荒地分级及评价指标

主要因子	分级指标	危害程度分级			
		轻度	中度	重度	极度
害鼠种群	总洞穴（土丘）量/(个·hm^{-2})	<500	500~1 000	1 000~1 500	>1 500
秃斑地	秃斑率/%	40~55	56~70	71~85	≥86
可食牧草	可食牧草比例/%	16~20	11~15	6~10	<6
植被盖度	植被盖度/%	30~40	20~30	10~20	<10

　　秃斑率一般用样线法测量，以样方为中心，采用 15.0~30.0 m 长的测绳，拉直线放在地上，于不同方向取 10 条线段测量样线所接触到的土丘、洞口、跑道、秃斑、塌洞和镶嵌体等秃斑地长度，计算秃斑测量长度所占百分率。计算公式如下：

$$破坏率 = \frac{多项所截长度之和}{区段大度} \times 100\%$$

2. 治理模式与适用条件

　　鼠荒地治理以恢复生态功能目标优先，有条件的地方可以适当刈割或家畜放牧。根据适用条件选择治理模式及措施，主要有人工草地建植模式、半人工草地补播改良模式和封育自然恢复模式等（见表 3-7）。

表 3-7　草原鼠荒地治理模式、适用条件及主要措施

治理模式	适用条件	主要措施
人工草地建植模式	平坝或坡度小于 7°的重度、极度鼠荒地，且水热条件较好，年均降水大于 200 mm，土层厚度在 25cm 以上	控鼠 + 翻耕整地 + 混播种草 + 田间管理
半人工草地补播改良模式	坡度小于 7°的中、轻度鼠荒地；坡度为 7°~25°的鼠荒地	控鼠 + 免耕划破 + 补播种草 + 施肥 + 禁牧（3 年）
封育自然恢复模式	坡度大于 25°的各类鼠荒地；坡度小于 25°的轻度鼠荒地	控鼠 + 封育；控鼠 + 施肥 + 补播 + 封育（5~11 月休牧）

3. 治理措施

（1）控制害鼠

　　对害鼠密度达到防治指标（见表 3-8）的区域，按照集中连片、持续治理的原则，尽可能地协调运用适当的技术和方法，使害鼠种群保持在危害允许水平以下。可选择的主要技术和方法有：

表3－8　草原主要害鼠防治指标

害　鼠	每公顷有效洞口、土丘（或只数）
鼢鼠（*Myospalax*）	150个以上（新土丘）
高原鼠兔（*Ochotona curzoniae*）	150个以上
布氏田鼠（*Microtus brandti*）	1500个以上
大沙鼠（*Rhombomys opimus*）	400个以上（或30只以上）
黄兔尾鼠（*Lagurus luteus*）	160个以上（或40只以上）
草原兔尾鼠（*Lagurus lagurus*）	160个以上（或40只以上）
鼹形田鼠（*Ellobius talpinus*）	150个以上
长爪沙鼠（*Meriones unguiculatus*）	500个以上

①生物防治。运用对人、畜安全的各种生物因子来控制害鼠种群的数量，以减轻或消除鼠害，主要包括天敌控制和生物农药治理。天敌控制主要包括招鹰控鼠、引狐治鼠等保护利用害鼠天敌的措施。

生物农药药剂选择和管理严格依照《中华人民共和国农药管理条例》和NY/T 1905《草原鼠害安全防治技术规程》有关条款执行。生物农药制成毒饵后使用，毒饵投放方法主要有：

●按洞投放法　在划定的区域内按鼠洞的多少依次将毒饵投放于洞口旁10.0～20.0 cm处；地下鼠则投到洞道内。

●均匀撒投法　可用飞机、专用投饵机操作，也可人工抛撒。

●条带投饵法　根据地面鼠的活动半径确定投饵条带的行距，可徒步或骑马进行条投。投饵行距参考数据：布氏田鼠20.0～30.0 m；高原鼠兔、长爪沙鼠30.0～40.0 m。

②化学防治。把化学杀鼠剂拌入或通过药液浸泡将有效成分吸入诱饵制成毒饵，然后把毒饵投放在洞口附近或洞道内灭鼠。主要在害鼠种群数量暴发或密度较高的区域使用，以迅速压低害鼠密度。杀鼠剂的选择和管理严格依照《中华人民共和国农药管理条例》和NY/T 1905《草原鼠害安全防治技术规程》有关条款执行，严禁使用有二次中毒和可能造成严重环境污染的杀鼠剂。杀鼠剂应高效、低毒、低残留，在使用中应保证人畜安全，使用者应配备所选杀鼠剂的解毒药剂，如新型第二代抗凝血性杀鼠剂。

③物理防治。利用器械或各种物理因素灭鼠，并根据不同鼠种的习性选择不同的方法，主要方法有地面鼠夹捕法、地下鼠夹捕法、弓箭法和地箭法等。该法简单易行，

对人畜安全，有广泛的群众基础，若使用得法，效果较好，但工效低，在草原上大面积使用难度大。

④其他方法。可选择适宜当地使用的其他方法，如不育控制技术、围栏陷阱（TBS）捕鼠技术等。

（2）植被恢复

采取综合农艺措施，恢复重建草原植被，改善草原生态系统，提高植被盖度和产量，抑制害鼠数量增长。其方法可选择禁牧、休牧、播种、补播、施肥、灌溉、管护和合理利用等技术。

①禁牧、休牧。采取建设围栏等保护性措施，对草原鼠荒地进行禁牧、休牧、封育，以利植被恢复。禁牧、休牧按照 NY/T 1176《休牧和禁牧技术规程》执行。围栏材料参照 JB/T7137《镀锌网围栏基本参数》与 JB/T7138.1《编结网围栏编结网技术条件》执行。围栏方法、围栏方式、围栏安装按照 NY/T1237《草原围栏建设技术规程》执行。

②草地改良。在坡度较大或轻度等级的区域，按照不破坏或少破坏原生植被原则，采取浅翻或免耕、回填土（耙平土丘）、补播、施肥、灌溉、合理利用、管理与维护等措施，促进草原植被恢复。

③草地建植。在土层厚度不小于 25.0 cm 的平坝或缓坡，选择翻耕、耙糖、播种、施肥、灌溉、合理利用、管理与维护等措施，恢复重建草原植被。具体方法参照 NY/T 1342《人工草地建设技术规程》执行。

④草种选择。草种选择则应遵循本地优良牧草优先原则；经过筛选的适宜当地生长的优良牧草优先原则；以禾本科为主，采取混播方式建植多元类型的原则。

⑤管护。植被恢复后，通过调整放牧利用时间和强度，促进草地植被尽可能处在疏丛禾草阶段或根茎、匍匐茎杂草阶段，不利害鼠再次发生。

●禁牧　草原鼠荒地治理区要实施围栏封育。播后 3 年内严禁放牧、挖药材、开垦等行为，保证播种后的牧草顺利发芽、出苗，尽快恢复草原植被。具体禁牧措施以当地县政府、乡政府和村委会的文件或布告的形式告知广大农牧民群众。

●补播　为了达到较好的植被恢复效果，播后要组织技术人员检查播种情况，对于漏播地应进行补播。根据第一次补播后的植被恢复效果，选择植被恢复效果较差、缺苗严重的斑块进行第二次补播。

●播后践踏　对补播改良草地，播后应立即组织适量牲畜自由践踏 1～2 d，使种子与土壤充分接触。

● 追肥 在草原鼠荒地植被恢复区，应在补播或草地建植后出苗 20 d 左右或每年 6 月下旬至 7 月上旬（分蘖—拔节期）追施 1 次尿素，施肥量 75～150 kg/hm²。

⑥合理利用。植被恢复、重建后，可以适当利用。在建植后 3 年内，以刈割方式利用为宜。禁牧满 3 年后，可适当放牧利用。

⑦严格控制载畜量。严禁超载过牧，按照 NY/T 635《天然草地合理载畜量的计算》确定合理载畜量。

六、治理效果评价

1. 植被盖度

治理后的草原鼠荒地的植被盖度≥85.0%。

2. 害鼠密度

害鼠密度低于防治指标，防治指标见表 3-8 草原主要害鼠防治指标。

3. 禁牧封育模式

参照 NY/T 1237《草原围栏建设技术规程》有关条款执行。

4. 补播改良模式

植被明显恢复，植被盖度、牧草产量明显提高，退化程度逐年降低。

5. 人工草地重建模式

参照 NY/T 1342《人工草地建设技术规程》有关条款执行。

七、应用案例

四川省色达县色柯镇采用"鼠害防治＋划破草皮＋补播＋施肥＋禁牧"模式治理草原鼠荒地。色达县色柯镇海拔 3 964 m，属亚高山草甸寒温带气候，年平均气温 −0.16 ℃，年平均降水 654.0 mm。通过 2 年的项目实施，累计建立试验基地 6.67 hm²，实施鼠荒地植被恢复示范区建设 100.0 hm²，主要技术措施如下。

1. 鼠害防控

以生物防治措施为主进行鼠害防治，包括 D 型肉毒素防治鼠害、弓箭灭鼠和招鹰控鼠。

2. 划破处理

4 月下旬至 5 月中旬，使用拖拉机牵引重耙开展划破草皮作业，深度 10.0～20.0 cm。针对土壤板结严重的区域，在划破草皮后再使用旋耕机疏松表层土壤，起到疏松土壤、平整地表的作用，为草种补播创造良好条件。缓坡地带应沿等高线进行划破作业，以防止水土流失。

3. 草种与补播

根据当地气候条件、治理地块土壤状况以及鼠荒地实际情况等，采用康巴垂穗披碱草 22.5 kg/hm² + 川草 2 号老芒麦 15.0 kg/hm² + 青海冷地早熟禾 7.5 kg/hm² + 梦龙燕麦 75.0 kg/hm² 混播组合。4 月下旬至 5 月中旬播种。条播，行距 20.0～130.0 cm，播深 2.0～3.0 cm；撒播，确保种子在地面均匀分布。播种后旋耕机轻旋覆土，确保种子和土壤紧密接触。

4. 施肥

在补播草种前，撒施有机肥或者复合肥在土壤表层，增强土壤肥力，改善土壤结构。有机肥（牛羊粪）用量 7 500～15 000 kg/hm²，复合肥 225～450 kg/hm²。根据土壤肥力状况可适当调整用量。

5. 田间管理

（1）杂草防除

5 月下旬至 6 月中旬，选择晴朗天气，使用阔极除草剂进行阔叶杂草防除。阔极用量为 1.2 kg/hm²，兑水 15.0～20.0 kg，混合均匀后进行叶面喷施。

（2）追肥

5 月底至 6 月中旬为适宜追肥时期，撒施尿素促进植物生长，用量为 120.0～150.0 kg/hm²。阴凉天气适宜开展施肥作业，下雨前撒施效果最佳。施肥 2～4 年，待植被完全恢复后可停止施肥。

6. 管护利用

治理区域 3 年内严禁放牧，补播 2 年后，视草原植被恢复情况可合理刈割。对植被恢复较差区，辅之以追肥、除毒杂草、灌溉等措施。对于长势较差的草地，进行适当补播草种，确保植被盖度达 80.0% 以上。

7. 治理效果

通过 2 年的项目实施，鼠荒地植被恢复示范区建设 100 hm²，示范区植被盖度由 5.0%～50.0% 提高到 85.0% 以上，鲜草产量由平均 3 900 kg/hm² 提高到 30 000～37 500 kg/hm²。项目组专家以"手把手"陪伴式的方式，对项目区牧民开展技能培训，提升牧民草场建管意识，激发群众内生动力，培育塑造了一批新型科技牧民，成为当地生态建设骨干力量，示范效果十分显著。

第四章　草原虫害综合防控技术

第一节　微生物杀虫剂防治草原毛虫技术

一、技术概述

微生物杀虫剂安全、环保、长效，是生产无公害农产品的首选农药，目前研究和应用最多的、用来防治农林害虫的微生物主要类群有细菌、真菌和病毒。杀虫细菌主要是苏云金杆菌及其变种，对150余种鳞翅目害虫有毒杀作用，属于广谱性杀虫细菌。真菌对自然条件的依赖性较大，成功用于害虫防治的还不多，广泛用于生产的主要有白僵菌、绿僵菌，白僵菌寄主范围也广，致病力强，寄主有鳞翅目、同翅目、膜翅目、直翅目等200多种昆虫和螨类。病毒杀虫剂是利用昆虫病毒而生产的一种生物农药，普遍用于害虫防治的病毒有核型多角体病毒、质型多角体病毒、颗粒体病毒等，主要用于防治草原毛虫等鳞翅目害虫。

二、关键术语

1. 草原毛虫核型多角体病毒

目前，我国正式登记的核型多角体病毒有8种，在草原上推广使用的主要是用于草原毛虫防控的核型多角体病毒。草原毛虫核型多角体病毒（*Gynaephora ruoergensis Chou et yin Nuchear polyHedrosis Virus*），缩写为 Grnpv，该病毒的原始寄主是草原毛虫，于1982年在川西北草原发现，1983年按照昆虫病毒鉴定的程序，对其进行了实验鉴定。Grnpv 的发现、鉴定和命名在世界上尚属首次，同时也是迄今为止正式报道的在世界上最高海拔地带发现的一种昆虫病毒。据相关试验表明，核型多角体病毒施药后3 d、

5 d、7 d、15 d 对草原毛虫幼虫平均感染致死率分别为 75.9%、90.2%、93.5% 和 96.8%。草原毛虫核型多角体病毒和芽孢杆菌组成的草毒蛾生防"悬乳剂"剂型,在四川西北部草原和青海草原推广应用较为广泛。应用核型多角体病毒防控草原毛虫,推荐剂量为 20.0 ~ 30.0 ml/亩。

2. 草原毛虫虫生细菌 B-13

草原毛虫虫生细菌 B-13 于 1982 年从草原毛虫体内分离出的病原微生物。采用草原毛虫体内分离出的 15 个芽孢杆菌株系同 Grnpv 进行组合增效筛选,实验结果有七个株系能增加 Grnpv 的治虫效果,其中以编号为 B-13 的杆菌增效最佳,达 18.0% 以上。

三、技术特点

1. 适用范围

该技术适用于四川省川西北草原地区防治草原毛虫等鳞翅目害虫,主要针对草原毛虫的第二个龄期的幼虫。

2. 技术优势

微生物杀虫剂对人畜、害虫天敌等防治目标以外的生物安全无害,具有自然传播感染的能力,在虫口密度较高时蔓延传播更快,可以起到长期防治的作用。同时,杀虫微生物与害虫在长期共同的生活过程中,适应了害虫的防卫体系,害虫不易产生抗药性。

四、技术流程

通过对草原毛虫调查,获取草原毛虫发生面积、密度、危害程度等信息(秋季查毛虫茧数,次年在 5 月下旬至 6 月初查幼虫数)。针对草原毛虫幼虫平均密度大于 30 头/m²,且危害面积达到 1 000 hm² 确定为防治区。按照"适时用药,连片防治,防治一片,巩固一片"的防治原则,采用人工、机动喷雾器相结合,常量、超低量喷施相结合的方法,在草原毛虫幼虫 4 ~ 5 龄时(一般 6 ~ 8 月)为最佳防治时期,开展地面施药工作防治草地毛虫。相对平坦的地区采用中、大型动力喷雾器械施药,山地防治区选择中小型背负式喷雾器械施药。

草原毛虫微生物杀虫剂应用技术流程如图 4-1 所示。

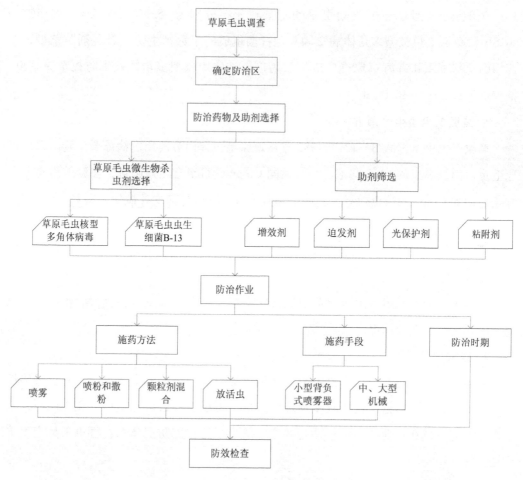

图 4-1　草原毛虫微生物杀虫剂技术流程

五、技术内容

微生物的杀虫效果与环境因素，如温度、湿度、光照等有关。施用微生物杀虫剂一般在阴天、雨后进行；如果在晴天施用，应选择清晨、傍晚湿度比较大的时候进行，菌剂应避免直射光的照射。使用微生物杀虫剂防治草原毛虫只是综合防治法的一项重要内容，而不是代替其他措施防治害虫的唯一方法，依照"预防为主，综合防治"的方针，草原毛虫防治与草原蝗虫等防治工作协同开展，把各项措施有机结合起来，才能够收到较好的防治效果。

1. 细菌杀虫剂的使用方法

细菌杀虫剂的使用方法和其他化学农药基本相同，主要有以下几种方法。

（1）喷雾

喷雾是一种较好的方法，每公顷喷雾用水量为 600.0～750.0 kg，一般常用浓度为

500~5 000万/ml个活芽孢。如果用每克含100亿活芽孢的菌剂，加水200~2 000倍稀释即可。为了提高药效，应加入0.11%的粘着剂，如洗衣粉等。

（2）喷粉和撒粉

撒粉用药量较大，可按1∶30的比例与沙土混合撒粉。

2. 白僵菌剂的使用方法

（1）喷雾

按照说明书，结合草原毛虫的密度确定使用菌剂的量，使用时先将菌剂用水浸泡2~3 h，然后兑水稀释后喷施。

（2）喷粉

将菌剂粉碎加细土过80~100目筛拌匀后，用于喷粉器喷撒或装入纱布袋绑在竹竿上撒粉。

（3）颗粒剂

取河沙筛取中等大小的颗粒，按10∶1或20∶1的比例与白僵菌粉混合。混合前，沙粒或炉渣要用适量的0.11%中性肥皂喷湿。

（4）放活虫

用塑料桶或虫笼将四龄以上的幼虫采回，用每毫升5亿孢子的菌液将虫体喷湿，然后放回田间，让活虫在田间自由爬行传播白僵菌。

3. 病毒杀虫剂

使用方法除采用喷雾、喷粉方法外，还可将病毒制剂喷洒在土壤中，也可将病毒制剂喷洒在人工饲养昆虫上，然后将带病毒的昆虫释放到害虫种群中增殖。以上三种微生物杀虫剂都可以与化学农药混合使用，以提高防治效果。

4. 增效剂的筛选

在病毒治虫的研究中，大量结果证明，二价阳离子对病毒感染复制周期有促进作用。据此认为，在病毒吸附阶段二价阳离子在病毒吸附器管与靶细胞受点之间能起到"搭桥"的作用，发生增效作用。

5. 迫发剂的筛选

在微生物杀虫剂中添加微量农药（在致死剂量以下的低剂量，为常用量的$1 \times 10^{-2} \sim 1 \times 10^{-3}$），能提高虫体对微生物的感受性，克服微生物治虫及时性差的弱点，起到迫发或诱发的作用。这实际上是综合防治理论在微生物治虫技术中的应用。四川省在若尔盖毛虫防治试验中，选用高效、低毒、低残留的5种市售农药作为迫发剂，结果有两种菊醋类农药增效25.0%以上。

6. 光保护剂的筛选

日光，尤其是高原地区强烈的紫外线辐射，对微生物有灭活或钝化的作用，对微量的农药（迫发剂）也有分解作用，故需筛选出光保护剂。试验结果表明，以果绿、品绿效果最好，保护率在30.0%以上。

7. 使用粘附剂

可防止雨水冲刷后对药效的影响，一般选用高泡洗衣粉即可。

六、注意事项

1. 防治标准

草原毛虫虫口密度为30头/m^2。

2. 防治时间

7月中旬至8月上旬，每天上午8：00～11：00，下午3：00～6：00，晴天、阴天、微雨天均可。

3. 防效检查

施药前调查虫口基数，施药后调查虫口减退率。根据使用药品的相关说明，施药后达到最佳防治效果时，进行防后虫口密度调查，每1.0万hm^{2}取样数量≥120个，样方面积为0.25 m^{2}或1.0 m^2。计算公式如下：

防治效果＝（防前虫口密度－防后虫口密度）/防前虫口密度×100%

第二节　类产碱假单胞菌灭蝗剂防治草原蝗虫技术

一、技术概述

草原蝗虫的种类多、分布广、食性杂。平原、山地和牧区、半农半牧区、农区等都有不同程度的分布和危害。草原蝗虫在四川省主要分布于甘孜、阿坝、凉山三州的山地草原、高山草原、草甸草原、人工草地、河谷、盆地和滨湖洼地、沼泽草甸等生境类型上。由于各地环境条件的差异，蝗虫的种类及发生规律也不同，一般为多种混合发生。草原蝗虫危害已成为四川牧区草原主要生物灾害之一。四川草原蝗虫主要有西藏飞蝗、宽须蚁蝗、短星翅蝗、大垫尖翅蝗、小翅雏蝗、轮纹异痂蝗等。类产碱假单胞菌灭蝗剂是1991年四川大学刘世贵教授等从自然罹病死亡的黄脊竹蝗体内分离到的一种病原菌，随后研制而成的生物药剂。采用类产碱假单胞菌灭蝗剂应用技术防治草原蝗虫，对草地优势种蝗虫、竹蝗和稻蝗等均具有较强的感染致死作用，耐受不良环境条件能力强，生产上无三废，对人、畜和植物安全，无污染、无残留、无生态毒性。用每毫升 10^{10} 活菌体剂量的菌剂处理玉米，喂饲以中华蚱蝗为主的草地蝗虫，死亡率达 80.3%，对东亚飞蝗的致死率为 48.0%，对草地黏虫、草原毛虫、黑绒鳃金龟等害虫也有一定致死力，田间小区的治蝗效果达 80.0% 以上。

二、关键术语

1. 草原蝗虫

草原蝗虫在四川省主要分布于甘孜、阿坝、凉山三州的山地草原、高山草原、草甸草原、人工草地、河谷、盆地和滨湖洼地、沼泽草甸等生境类型上。由于各地环境条件的差异，蝗虫的种类及发生规律也不同，一般为多种混合发生。危害草原的蝗虫约有几十种，四川省主要有西藏飞蝗、宽须蚁蝗、短星翅蝗、大垫尖翅蝗、小翅雏蝗、轮纹异痂蝗等。

2. 类产碱假单胞菌

类产碱假单胞菌是从自然罹病死亡的蝗虫体内分离到的一种昆虫病原细菌。

3. 类产碱假单胞菌灭蝗剂

类产碱假单胞菌灭蝗剂是指从自然病死蝗虫虫尸内分离的类产碱假单胞菌为基础研制而成的生物药剂。

三、技术特点

1. 适用范围

草原蝗虫类产碱假单胞菌灭蝗剂应用技术适用于四川牧区及青藏高原各类草原虫害危害区域的虫害防治，也适用于草地黏虫、草原毛虫、黑绒鳃金龟等害虫的防治。

2. 技术优势

草原蝗虫类产碱假单胞菌灭蝗剂是一种生物制剂，对人、畜和植物安全，无污染、无残留、无生态毒性。通过在川西北牧区的广泛应用，已总结出了一整套的防治程序，灭效在 90.0% 以上。

四、技术流程

根据草原蝗虫危害预测预报入手，确定防治区域、防治时间，制订防治措施，实施实地防治，防效检查，最后进行综合分析。

草原蝗虫类产碱假单胞菌灭蝗剂应用技术流程如图 4-2 所示。

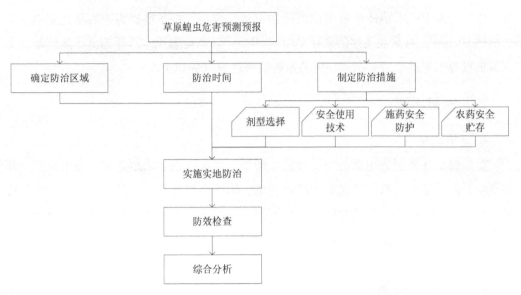

图4-2　草原蝗虫类产碱假单胞菌灭蝗剂应用技术流程

五、技术内容

1. 正确选购类产碱假单胞菌灭蝗剂剂型

根据草原蝗虫发生的对象，选择采购高效、安全、经济的类产碱假单胞菌灭蝗剂剂型，也可请教当地草原技术人员，或查阅技术资料和图片，正确选购类产碱假单胞菌灭蝗剂剂型。购买类产碱假单胞菌灭蝗剂剂型时，要仔细阅读使用说明和注意事项。同时，应根据实际需求量购买类产碱假单胞菌灭蝗剂剂型。

2. 安全使用技术

（1）科学使用类产碱假单胞菌灭蝗剂剂型

草原蝗虫防治，要坚持"预防为主，综合防治"的方针，在搞好农业、生物、物理防治的基础上，实施生物防治。开展类产碱假单胞菌灭蝗剂灭治草原蝗虫要把握好用药时期，绝大多数草原蝗虫在发生初期，危害轻、防治效果好，大面积暴发后，即使多次用药，损失也很难挽回。一般情况下，在草原蝗虫达三龄期时，防治效果最佳。因此，要坚持预防和综合防治，尽可能减少农药的使用次数和用量，以减轻环境及产品质量安全的影响。

（2）正确的施药方法

施药方法很多，各种施药方法有利有弊，应根据草原蝗虫发生规律、危害特点、发生环境等情况确定适宜的施药方法。比如，防治草原蝗虫直接用喷雾法。

3. 施药安全防护

（1）喷药准备

在喷雾前，要检查喷药器械是否完好，是否有"跑、冒、滴、漏"现象，不要用嘴去吹器械堵塞的喷头，应用牙签、草秆或水来疏通喷头。喷雾器中的药液不要装得太满，避免药液溢漏，污染皮肤和防护衣物。喷药场所应备有足够的水、清洗剂、急救药箱、修理工具等。

（2）农药配制

配制农药时，应戴好手套及口罩，严禁直接用手拌料。

（3）人员配备

喷药人员应身体健康，经过培训，且具备一定的植保知识。年老及体弱多病人员、儿童及孕妇、哺乳期妇女不得喷药。

（4）喷药防护

喷药时要穿戴防护衣具，如帽子、口罩、眼镜、橡皮手套、塑料雨衣、长筒靴等，防止药液粘上衣具并吸入口鼻，造成中毒。喷药时，不能吸烟、喝水，身体不适时不要喷药。

（5）喷药时间

把握喷药时间，注意天气条件。大雾、大风和下雨天不得喷药。要始终处于上风位置配套，不要逆风喷药；喷药时，不准进食、饮水、吸烟。高温时，不得喷药，温度太高，水分容易蒸发，农药浓度增加，会引起植物药害发生。喷药最佳时间为每天清晨和傍晚，地表温度比较稳定，农药可直接喷洒到植物上。

（6）中毒急救

喷药人员喷药时间不能太长，每天喷药时间不得超过 6 h，并不得连续多日喷药。喷药过程中出现乏力、头晕、恶心、呕吐、皮肤红肿等中毒症状，应立即离开喷药现场，脱去被农药污染的衣物，用肥皂清洗身体，中毒症状较重者应立即送往医院治疗。在喷药中不慎触及衣物应迅速用肥皂水清洗干净。若进入眼部应立即用食盐水（食盐 9 份，水 1 000 份）洗净。喷药后，及时用肥皂清洗手脸和被污染的部分。被污染的衣物和药械应彻底清洗干净后再存放。

（7）正确清洗喷药器械

喷药器械每次用后要洗净，减少植物药害发生。盛装过农药的量杯、容器和喷雾器，必须经水洗后，用热碱水或热肥皂水洗 2~3 次，然后再用清水洗净，清洗时不要在河流、小溪、井边冲洗，避免污染水源。农药废弃包装物严禁作为他用，不得乱丢，要集中存放，妥善处理。

4. 农药安全贮存

（1）存放时间

尽量减少贮存量和贮存时间，避免农药积压变质和安全隐患。

（2）存放场所

少量剩余草原化学杀虫剂应保存在原包装中，密封贮存于安全的地方，不得用其他容器盛装，严禁用空饮料瓶分装剩余农药。应贮放在儿童和动物接触不到且凉爽、干燥、通风、避光的地方。不得与食品、粮食、饲料靠近或混放。不要和种子一起存放，避免农药的挥发物腐蚀种子，降低种子的发芽率。

（3）存放要求

贮存的农药包装上应有完整、牢固、清晰的标签。

第三节　绿僵菌防治草原蝗虫技术

一、技术概述

草原蝗虫广泛分布于四川省各地的天然草原和人工草地，重点危害甘孜、阿坝、凉山三州天然草原。由于受全球气候变暖、持续干旱、草场放牧压力过大、植被退化严重、防治面积小等因素影响，草原蝗虫危害呈上升趋势。近年来，国内外陆续发现绿僵菌农药对草原蝗虫有很好的侵染、防治效果。

绿僵菌属子囊菌门、肉座菌目、麦角菌科、绿僵菌属，菌体形态接近于青霉菌，菌落绒毛状或棉絮状，最初白色，产生孢子时呈绿色，能够寄生于多种害虫的一类杀虫真菌，通过体表入侵进入害虫体内，在害虫体内不断繁殖，通过消耗其营养、机械穿透、产生毒素，并不断在害虫种群中传播，使害虫致死。绿僵菌具有一定的专一性，对人畜无害，同时还具有不污染环境、无残留、害虫不会产生抗药性等优点。

二、关键术语

1. 蝗虫

蝗虫是直翅目蝗总科所有昆虫的统称，是一种世界性的严重危害草原的农牧业生物灾害，在我国历史上与旱灾、涝灾并称三大自然灾害。

2. 绿僵菌侵染及传播

绿僵菌侵染及传播过程大致分为四个：孢子附着于表皮并萌芽；芽管穿透寄主体壁；在寄主体内生长繁殖；在僵虫表面和体内产生分生孢子，形成再次侵染的感染源。

三、技术特点

绿僵菌是一种真菌微生物杀虫剂，在自然界的分布很广，致病和适应性强，通过在炉霍斯木、甘孜卡攻、理塘濯桑、石渠洛须等地使用绿僵菌超低量喷雾防治草原蝗虫试验结果表明，绿僵菌对西藏飞蝗为优势种的草原蝗虫混合种群防效显著，施药后7 d的平均防效 52.1%，药后 12 d 的平均防效为 75.3%，药后 28 d 的平均防效为90.0%。与受试蝗虫处于同一环境中的蚂蚁、蜂、金龟子等昆虫活动如常，鸟类等进出觅食行为正常，表明对常见非靶标动物无杀伤性。在石渠洛须试验区，内绿僵菌施药当年即可形成广泛的流行传播，并在死亡后形成僵尸，僵尸内充满绿僵菌孢子，可越冬长期保存，并成为第二年的传染源，对草原蝗虫的持续防效达 72.6%。

四、技术流程

绿僵菌防治草原蝗虫技术流程如图 4 - 3 所示。

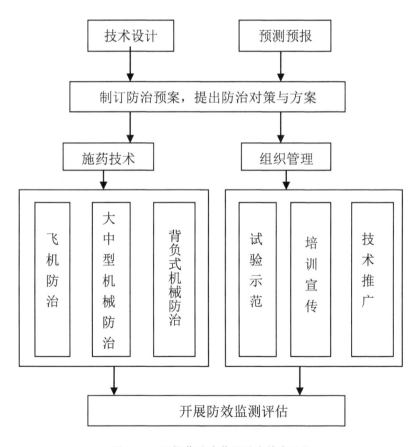

图 4 - 3　绿僵菌防治草原蝗虫技术流程

五、技术内容

1. 防治指标

根据《川西北草地鼠虫害调查》中危害等级划分标准，四川牧区草原蝗虫防治指标通常为 10 头/m²。但由于西藏飞蝗危害性与迁飞特点，其防治指标为 0.5 头/ m²。

2. 施药方法

在草原蝗虫二至三龄若虫盛发期，最好选择晴朗无风天气施药，为防止阳光直射影响绿僵菌活性，施药时间最好选择在下午 5：00 以后，采用直升机、大型喷药机械或背负式机动喷雾器超低容量喷雾。

3. 防效调查

施药前和施药后 28 d 分别检查各样地内的草原蝗虫活虫数，采取"S"字形取样，每小区取 10 个样点，每点 1.0 m²，并计算虫口减退率和校正防治效果。其计算公式如下：

$$虫口减退率 = \frac{处理区药前虫数 - 处理区药后虫数}{处理区药前虫数} \times 100\%$$

$$校正防效 = \frac{处理区虫口减退率 \pm 对照区虫口减退率}{1 \pm 对照区虫口减退率} \times 100\%$$

六、应用案例

按照目前四川高寒牧区采用的大型超低量喷雾机械情况，推荐使用剂量为孢子粉 100.05 g/hm²，油剂为 1 995 ml/ hm²。配制绿僵菌油剂时，按色拉油：煤油的比例 3：7 调成混合油，每 1 000 ml 混合油加入 100.0 g 绿僵菌孢子粉配成绿僵菌油剂，按油剂 1 995 ml/ hm² 超低量喷雾。施药适期在草原蝗虫三龄盛发期，四川牧区在 6 月下旬至 7 月上中旬。

表 4 - 1　不同地点绿僵菌对草原蝗虫的防治对比效果

试验区域	优势种蝗虫	防治效果/%		
		药后 7 d	药后 12 d	药后 28 d
炉霍斯木	痂蝗、西藏飞蝗	59.08	73.09	89.28
甘孜卡攻	痂蝗、西藏飞蝗	48.00	76.50	90.50
理塘濯桑	雏蝗、西藏飞蝗	51.12	73.35	88.60
石渠洛须	西藏飞蝗	50.10	78.20	90.4

七、注意事项

（1）绿僵菌制剂产品应有规范的标识，标志、标签俱全，使用说明准确，出具产品质量合格证明。

（2）由于应用绿僵菌防治蝗虫虽具有一定的防治效果，但击倒、杀死害虫作用缓慢，需要经过一段时间才能起作用，适合一般发生年份防治应用，而在蝗虫大发生年份，或局部地区严重发生时，则不能短时间内快速压低虫口密度，需配合速效性较好的苦参碱、高效氯氟氰菊酯等使用。

（3）根据绿僵菌杀虫作用缓慢、空气湿度要求高的实际，在四川川西北高原干旱少雨地区宜推广绿僵菌复合油剂灭治草原蝗虫。

（4）绿僵菌可湿性粉剂必须事先将其溶解并充分混合后，方可进行超低容量喷雾；否则极易造成喷头乃至整个喷雾器与大型喷雾机械的堵塞，给实际操作带来诸多不便。

第四节　植物源杀虫剂防治草原害虫技术

一、技术概述

植物源农药是利用植物资源开发的农药，来源于自然，一般不会污染环境及农产品，低毒安全，无残留、无公害，可以被植物分解转化。对人、畜和鸟类无毒性，生态环境评价为环保型，属无残留低毒农药产品，是防控草原虫害农药的发展方向。目前，四川牧区草原虫害防治工作中应用的植物源农药种类主要有印楝素、苦参碱等。

二、关键术语

1. 印楝素

印楝素是一种从乔木植物印楝中分离出来具有高效、低毒、广谱性、环境友好等特点的植物源杀虫剂。杀虫机理是抑制昆虫激素分泌和降低昆虫生育能力，破坏昆虫口器的化学感应器官，使其产生拒食作用，降低昆虫体内酶活性，抑制呼吸。

2. 苦参碱

苦参碱是从植物中提取的天然农药，是对人畜低毒的广谱杀虫剂，不污染环境，不易使害虫产生抗药性，具有触杀与胃毒作用。杀虫机理是使害虫神经中枢麻痹，虫体气孔堵塞，最后窒息而死。

三、技术特点

植物源农药不仅对草原蝗虫防治效果好，对非靶动物干扰小，对人、畜安全，克服了化学农药毒性高、残留高及对环境影响大的缺点，因此植物源农药具有广阔的市场。印楝素、苦参碱属于安全、环保的植物源农药，目前已被广泛应用于蔬菜害虫、草原害虫的防治上，具有很好的防治效果。2007~2014 年，甘孜牧区先后在石渠、色达、德格、甘孜等县应用苦参碱、印楝素防治草原蝗虫，累计防治草原蝗虫面积 16.1 万 hm^2，其中，苦参碱 10.4 万 hm^2，印楝素 5.7 万 hm^2，平均防效达 90.0% 以上。

四、技术流程

植物源农药防治草原害虫技术流程如图 4-4 所示。

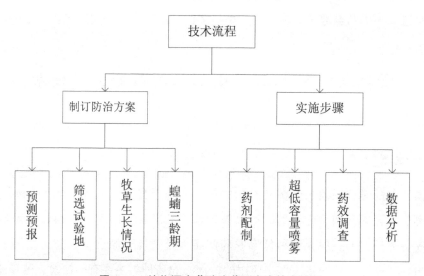

图 4-4 植物源农药防治草原害虫技术流程

五、技术内容

1. 制订防治方案

开展草原蝗虫预测预报，确定防治区域，制订防治方案。通常情况下，四川牧区草原蝗虫防治指标为 10 头/m^2，但由于西藏飞蝗迁飞性强、危害与破坏性大的原因，其防治指标为 0.5 头/m^2。

2. 施药方法

在施用前按药物说明兑水稀释摇匀混合，在草原蝗虫二至三龄若虫盛发期，最好选择在晴朗无风天气下午 5：00 以后或阴天，采用直升机、大型喷药机械或背负式机动喷雾器超低容量喷雾。

采用大型喷雾机械或飞机施药防控效果较好，施药时应避开中午强光时进行，施药适期选择在草原蝗虫三龄盛发期。

3. 药效调查

施药当天调查虫口基数，药后 3 d、5 d、7 d 分别检查各样地内的草原蝗虫活虫数，选取 3 个不同时间点，并统计算出虫口减退率和校正防治效果，同时观察用药区对牛、羊有无中毒现象，对牧草生长有无影响。其计算公式如下：

$$虫口减退率 = \frac{施药区药前虫数 - 施药区药后虫数}{施药区药前虫数} \times 100\%$$

$$D = (A - B) / A \times 100\%$$

式中，D 为虫口减退率（%）；A 为施药前虫口密度（头/m^2）；B 为施药后虫口密度（头/m^2）。

$$校正防效率 = \frac{施药区虫口减退率 \pm 对照区虫口减退率}{1 \pm 对照区虫口减退率} \times 100\%$$

六、应用案例

在四川草原采用大型喷雾机防治草原蝗虫，施药适期选择在草原蝗虫三龄盛期。结果表明，采用 0.3% 印楝素乳油制剂用量为 150.0 ml/hm^2，施药 7 d 后平均虫口减退率为 91.9%（见表 4-2）；

表 4-2 0.3% 印楝素生物制剂对草原蝗虫的防治效果

地点	处理/(ml·亩$^{-1}$)	面积/hm^2	取样数/个	虫口减退率/%	
				3 d	7 d
四川甘孜	5.33	100	50	43.6	78.6
	8	100	50	50.3	88.7
	10	100	50	60.4	91.9

采用 1.0% 苦参碱可溶性液剂对草原蝗虫进行了防治效果试验，300.0 ml/hm^2 剂量药后 3 d、5 d、7 d 的平均防效分别为 95.0%、96.5% 和 92.3%，450.0 ml/hm^2 剂量药后 3 d、5 d、7 d 的平均防效分别为 96.0%、96.9%、94.2%，均能取得较好防控效果（见表 4-3）。通常情况下，采用 0.3% 印楝素乳油制剂与 1.0% 苦参碱可溶性液剂防治草原蝗虫，推荐剂量标准分别为 150.0 ml/hm^2、300.0 ml/hm^2，高密度发生区可采用 450.0 ml/hm^2 的 1.0% 苦参碱可溶性液剂。

表4-3　1.0%苦参碱可溶性液剂对草原蝗虫的防治效果

地点	用量/(ml·hm⁻²)	平均防治效果/%		
		3 d	5 d	7 d
四川甘孜	300.0	95.0	96.5	92.3
	450.0	96.0	96.9	94.2

七、注意事项

（1）采用飞机、大型喷雾机械和背负式喷雾器进行超低容量喷雾施植物源农药，可有效控制草原蝗虫危害。施药适期选择在草原蝗虫三龄左右较为适宜，虫害发生盛期可适当增加药量，3～5 d喷洒1次，连续2～3次。

（2）施药时应避开中午强光时进行，如印楝素在光照下会很快失去活性，在晴朗无风天气傍晚或阴天进行超低容量喷雾能取得较好的防控效果。

第五节　草原化学杀虫剂安全应用技术

一、技术概述

从古希腊和罗马时代以来，农民们就尝试着用杀虫剂与虫害作斗争。1939年，瑞士科学家保罗米勒发现一种叫作"DDT"（二氯二苯三氯乙烷）的化学药品是强有力的杀虫剂。而到20世纪50年代，化学杀虫剂的用量必须要双倍才行，主要是害虫对化学农药出现了抗性，这就意味着化学杀虫剂对人类也形成了一种威胁。草原化学杀虫剂起主要作用的是对草原害虫有毒害作用的化学成分，如氯氰菊酯、二氯二苯三氯乙烷等，这些成分毒性强、残留期长，对人、畜有毒害作用。DDT现已明确禁用。安全使用草原化学杀虫剂是有效控制草原虫害集中暴发的重要手段之一。防治草原虫害时，必须注意人、畜安全。

草原化学杀虫剂安全应用技术就是从正确选购农药、安全使用制度、禁止限制农药、安全使用技术、施药安全防护、农药安全贮存等六个方面，规范草原化学杀虫剂的安全使用。

二、关键术语

1. 杀虫剂

杀虫剂是指杀死害虫的一种药剂。按毒理作用可分类为：神经毒剂、呼吸毒剂、物理性毒剂和原生质毒剂四类。按照来源可分为：无机和矿物杀虫剂、植物性杀虫剂、有机合成杀虫剂、昆虫激素类杀虫剂四类。

2. 草原化学杀虫剂

草原化学杀虫剂是指专用于草原虫害防治的化学药剂。化学杀虫剂从作用方式上可分为触杀剂、胃毒剂、熏蒸剂（呼吸毒剂）等类别，但现代合成的杀虫剂往往兼具触杀与胃毒作用，甚至兼有熏、蒸、杀三重作用。从杀虫剂的化学成分上，可分为有机氯类、有机磷类、氨基甲酸酯类、沙蚕素类、拟除虫菊类、昆虫生长调节剂类等六大类，如林丹、辛硫磷、抗蚜威、杀虫双、敌杀死等。目前，四川草原常用的化学杀虫剂为高效氯氰菊酯。

3. 草原化学杀虫剂安全应用技术

草原化学杀虫剂安全应用技术是安全使用化学药剂杀灭草原害虫的一种治理技术。

三、技术特点

1. 适用范围

草原化学杀虫剂安全应用技术适用于川西北及其周边各类草原虫害危害区域的应急防治。

2. 技术优势

选择适宜的草原化学杀虫剂是防治草原害虫的最基础条件，合理使用草原化学杀虫剂是提高防治草原虫害的关键，正确喷洒草原化学杀虫剂是确保人、畜安全的保障。本技术是从正确选购草原化学杀虫剂、安全使用制度、禁止限制农药、安全使用技术、施药安全防护、农药安全贮存等方面进行规范，可有效防治草原虫害，并减少人、畜中毒事件的发生。

四、技术流程

从害虫调查入手，准确掌握害虫种类，选购合适的草原化学杀虫剂，正确选用器械、喷洒方法、喷洒时间和人员，再进行药剂配制、施药，最后进行器械清洗等。

草原化学杀虫剂安全应用技术流程如图 4-5 所示。

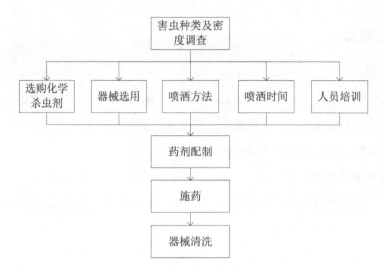

图 4-5　草原化学杀虫剂安全应用技术流程

五、技术内容

1. 正确选购草原化学杀虫剂

根据草原虫害发生的对象，选择采购适用不同害虫种类的高效、安全、经济的草原化学杀虫剂，也可请教当地草原技术人员，或查阅技术资料和图片，正确选购草原化学杀虫剂。购买草原化学杀虫剂时，要仔细阅读使用说明和注意事项。同时，应根据实际需求量购买草原化学杀虫剂。

2. 安全使用制度

（1）高浓度的草原化学杀虫剂农药不准用于蔬菜、茶叶、果蔬、中药材等作物，不准用于防治卫生害虫与人、畜皮肤病。

（2）禁止用草原化学杀虫剂毒害鱼、虾、蛙和有益的鸟兽。

（3）草原化学杀虫剂由使用单位指定专人购买。农药的品名、有效成分含量、出厂日期、使用说明等鉴别不清和质量失效的农药不准使用。

（4）运输草原化学杀虫剂时发现有渗漏、破裂的，应使用规定材料包装后运输，并及时妥善处理被污染的地面、运输工具和包装材料。

（5）草原化学杀虫剂不得与粮食、蔬菜、瓜果、食品、日常用品等混载、混放。

（6）草原化学杀虫剂进出口仓库应建立登记手续，不得随意存取。

（7）在使用过程中，配药人员要带胶皮手套，必须用量具按照规定的剂量称取药液或药粉，严禁用手搅拌；配药和拌种应选择远离饮用水源和居住点安全的地方，专人看管，严防农药散失或被人、畜、家禽误食。

（8）使用过高浓度草原化学杀虫剂的地方应设立标志，在一定时间内禁止放牧、割草，挖野菜。

3. 禁止限制农药

根据国家有关法律法规的要求，截至 2018 年，我国有 42 种农药已经禁止生产或使用，有 25 种农药限制使用（见表 4 - 4）。

表 4 - 4　2018 年国家禁用和限用的农药名录

一、禁止生产销售和使用农药名单（42 种）	
六六六、滴滴涕、毒杀芬、二溴氯丙烷、杀虫脒、二溴乙烷、除草醚、艾氏剂、狄氏剂、汞制剂、砷类、铅类、敌枯双、氟乙酰胺、甘氟、毒鼠强、氟乙酸钠、毒鼠硅、甲胺磷、甲基对硫磷、对硫磷、久效磷、磷胺、苯线磷、地虫硫磷、甲基硫环磷、磷化钙、磷化镁、磷化锌、硫线磷、蝇毒磷、治螟磷、特丁硫磷、氯磺隆、福美胂、福美甲胂、胺苯磺隆单剂、甲磺隆单剂（38 种）	
百草枯水剂	自 2016 年 7 月 1 日起停止在国内销售和使用
胺苯磺隆复配制剂，甲磺隆复配制剂	自 2017 年 7 月 1 日起禁止在国内销售和使用
三氯杀螨醇	自 2018 年 10 月 1 日起全面禁止三氯杀螨醇销售和使用
二、限制使用农药名单（23 种）	
中文通用名称	限制使用范围
甲拌磷（3911）、甲基异柳磷、内吸磷、克百威、涕灭威、灭线磷、硫环磷、氯唑磷	蔬菜、果树、茶树、中草药材
水胺硫磷	柑橘树
灭多威	柑橘树、苹果树、茶树、十字花科蔬菜
硫丹	苹果树、茶树
溴甲烷	草莓、黄瓜
氧乐果	甘蓝、柑橘树
三氧杀螨醇、氰戊菊酯	茶树
杀扑磷	柑橘树
丁酰肼（比久）	花生
氟虫腈	除玉米等部分旱田种子包衣剂外的其他用途
溴甲烷、氯化苦	登记使用范围和施用方法变更为土壤熏蒸，撤销除土壤外的其他登记
毒死蜱、三唑磷	自 2016 年 12 月 31 日起禁止在蔬菜上使用
氟苯虫酰胺	自 2018 年 10 月 1 日起禁止在水稻作物上使用

4. 安全使用技术

（1）确定防治对象

当草原上出现虫害时，首先要根据草原虫害发生的特征和危害症状进行确诊，再选购防治草原虫害的化学药物。若自身不能确定是什么虫害，一定要咨询当地草原主管部门，确诊后再选购防治药物。

（2）选择农药品种

选用合适的农药品种，掌握适宜的浓度和防治时间，提高防治效果。不同植物或同一种植物中的不同品种对农药的敏感性有差异，如果把某种农药施用在敏感的植物或品种上就会出现有害。因此，在选择防治药物后，还要根据植物的生长期和虫害发生程度，掌握最佳的防治时期，并严格按照农药包装上注明的使用浓度进行科学配制。

（3）科学使用农药

草原虫害防治，要坚持"预防为主，综合防治"的方针，在搞好农业、生物、物理防治的基础上，实施化学防治。开展化学防治把握好用药时期，绝大多数虫害在发生初期，危害轻，防治效果好，大面积暴发后，即使多次用药，损失也很难挽回。因此，要坚持预防和综合防治，尽可能减少农药的使用次数和用量，以减轻对环境及产品质量安全的影响。

（4）正确施药方法

施药方法很多，各种施药方法有利有弊，应根据虫害的发生规律、危害特点、发生环境等情况确定适宜的施药方法。如防治地下害虫，可用拌种、毒饵、毒土等方法，防治草原蝗虫直接用喷雾法。

（5）掌握合理用药量和用药次数

用药量应根据药剂的性能、不同的植物、不同的生育期、不同的施药方法等确定，如植物苗期用药量比生长期少。施药次数要根据虫害发生时期的长短、药剂的持效期及上次施药后的防治效果来确定。

（6）加快新农药器械的引进、示范、推广

使用性能优良的施药器械是提高农药利用率的最有效途径。

（7）严格遵守安全间隔期规定

农药安全间隔期是指为保证农药残留量低于规定的允许量，是最后一次喷药至收获、使用、消耗植物前的时期，即自喷药后到残留降低到最大允许残留量所需的时间。安全间隔期的长短，取决于农药的品种、植物口径、施药量及气象条件等。各种农药因分解消失的速度不同，具有不同的安全间隔期。在实际生产中，最后一次喷药到植物收获的时间应比标签上规定的安全间隔期长。为了保证农产品残留量不超标，在安全间隔期内不得采收。喷药后的植物应设立警戒标识，禁止人、畜入内。

5. 施药安全防护

（1）喷药准备

在喷药前，要检查喷药器械是否完好，是否有"跑、冒、滴、漏"现象，不要用嘴去吹器械堵塞的喷头，应用牙签、草秆或水来疏通喷头。喷雾器中的药液不要装得太满，避免药液溢漏，污染皮肤和防护衣物。喷药场所应备有足够的水、清洗剂、急救药箱、修理工具等。

（2）农药配制

配制农药时，应戴好手套及口罩，严禁直接用手拌料。

（3）人员配备

喷药人员应身体健康，经过培训，且具备一定的植保知识。年老、体弱多病人员、儿童及孕妇、哺乳期妇女不得喷药。

（4）喷药防护

喷药时要穿戴防护衣具，如帽子、口罩、眼镜、橡皮手套、塑料雨衣、长筒靴等，防止药液粘上衣具并吸入口鼻，造成中毒。喷药时，不能吸烟、喝水，身体不适时不要喷药。

（5）喷药时间

把握喷药时间，注意天气条件，大雾、大风和下雨天不得喷药。要始终处于上风位置喷药，不要逆风喷药；喷药时，不准进食、饮水、吸烟。高温时，不得喷药，温度太高，水分容易蒸发，农药浓度增加，会引起植物药害发生。喷药最佳时间为每天清晨和傍晚，地表温度比较稳定，农药可直接喷洒到植物上。

（6）中毒急救

喷药人员喷药时间不能太长，每天喷药时间不得超过 6 h，并不得连续多日喷药。喷药过程中出现乏力、头晕、恶心、呕吐、皮肤红肿等中毒症状，应立即离开喷药现场，脱去被农药污染的衣物，用肥皂清洗身体，中毒症状较重者应立即送往医院治疗。在喷药中，不慎触及衣物应迅速用肥皂水清洗干净，若进入眼部应立即用食盐水（食盐 9 份，水 1 000 份）洗净。喷药后，及时用肥皂清洗手脸和被污染的部位，被污染的衣物和药械应彻底清洗干净后再存放。

（7）正确清洗喷药器械

喷药器械每次用后要洗净，减少植物药害发生。盛装过农药的量杯、容器和喷雾器，必须经水洗后，用热碱水或热肥皂水洗 2～3 次，然后再用清水洗净，清洗时不要在河流、小溪、井边冲洗，避免污染水源。农药废弃包装物严禁作为他用，不得乱丢，要集中存放，妥善处理。

6. 农药安全贮存

（1）存放时间

尽量减少贮存量和贮存时间，避免农药积压变质和安全隐患。

（2）存放场所

少量剩余草原化学杀虫剂应保存在原包装中，密封贮存于安全的地方，不得用其他容器盛装，严禁用空饮料瓶分装剩余农药。应贮放在儿童和动物接触不到，且凉爽、干燥、通风、避光的地方。不得与食品、粮食、饲料靠近或混放。不要和种子一起存放，避免农药的挥发物腐蚀种子，降低种子的发芽率。

（3）存放要求

贮存的农药包装上应有完整、牢固、清晰的标签。

第六节　高寒草地牧鸡灭蝗技术

一、技术概述

草地牧鸡灭蝗是一项环境友好型的生物灭蝗技术，它利用鸡与蝗虫之间具有食物链关系的原理，把鸡群投放到发生虫害的草地上放牧，通过鸡取食蝗虫来有效控制蝗虫种群数量，使之保持在一定的种群密度之下，从而达到保护草地资源的目的。近几年，我国科研人员在内蒙古、青海、新疆等地先后成功开展了利用牧鸡防治草原蝗虫试验。四川省在理塘、金川、炉霍、壤塘等县以及凉山州部分地区开展牧鸡灭蝗试验示范，已累计完成灭蝗示范 100 hm²/次，积累了牧鸡灭蝗的丰富经验。

二、关键术语

1. 牧鸡治蝗

将经过孵化、育雏、防疫和调训的 60～70 日龄的鸡，在草原蝗害发生季节有计划地运至蝗害区牧放，引导鸡群捕食蝗虫，达到降低蝗虫密度，持续防控灾害的目的。采用牧鸡牧鸭防治蝗虫，可以替代部分农药，减少农药对环境的污染，还可提供禽类产品，增加农牧民收入。牧鸡灭蝗技术要求高，对牧鸡品种、鸡龄和牧放技术均有一定要求。

2. 高寒草地

发育于高山（或高原）亚寒带、寒带，温润度 0.6～1.0，年降水量 300～400 mm 的寒冷半湿润地区，由耐寒的多年生旱中生或中旱生草本植物为主组成的草地类型。

三、技术特点

1. 适用范围

牧鸡防治草原蝗虫技术适用于高寒牧区草原蝗虫发生地，选择蝗虫虫口密度中等（15～20 头/m²），地势相对平坦、开阔，植被低矮、灌丛密度小，且交通方便、离水源较近的草原地区。

2. 技术优势

鸡属杂食性禽类，喜食各种昆虫。在蝗虫发生季节，利用鸡的食性特点，在高寒牧区草原开展牧鸡灭蝗，降低蝗虫密度，预防蝗灾的发生，有很好的效果。牧鸡灭蝗是有计划、有组织地将培育调训好的牧鸡运到蝗虫发生区，引导鸡群在草场上捕食蝗虫，达到防治蝗虫、保护草原的目的。牧鸡灭蝗可以获得很好的灭蝗效果，还可减少药剂对草原和环境造成污染，还可提供肉、蛋等绿色食品，具有明显的经济效益、生态效益和社会效益。

四、技术流程

选择适应高原气候的鸡种，通过训练，在草原蝗虫发生区有组织地放牧，通过鸡群捕食方式进行蝗虫防治。高寒草地牧鸡灭蝗技术流程如图4-6所示。

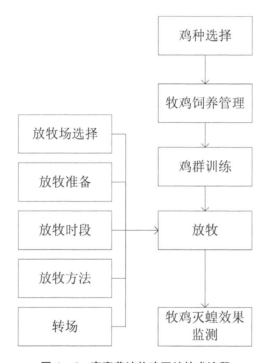

图4-6 高寒草地牧鸡灭蝗技术流程

五、技术内容

1. 鸡群准备

（1）鸡种选择

选择能适应高原气候的、适宜野外放养的土鸡或产蛋鸡。抗逆性强，体型清瘦，健壮灵活。

（2）鸡苗准备

根据防治计划，按照一只鸡 60 d 可以防治 0.5 hm² 蝗虫面积的标准确定鸡苗的数量。灭蝗鸡苗应在蝗虫防治期开始前 2 个月组织养鸡场或专业户进行孵化。雏鸡出壳后按要求进行饲养。注意保温，饲喂优质雏鸡饲料，保证充足的清洁饮水。

（3）鸡群训练

提前准备鸡群训练的场地，根据鸡只数量选择适宜的场地。雏鸡饲喂时坚持吹哨子，使其建立条件反射，为以后放牧建立指挥信号。雏鸡喂养 2 个月左右，就应进行室外敞放锻炼，增强体质，适应天气变化，饲喂时辅以哨音训导调动；准备鸡笼，傍晚进行归笼训练。

2. 饲养管理

雏鸡孵化后，按要求进行防疫，淘汰病鸡、残鸡、弱鸡，及时进行无害化处理。每天定时清理鸡舍粪便、污染物，并及时彻底消毒。鸡群放牧期间，放牧前饲喂少量饲料，收牧后检查鸡群的嗉囊充实情况确定补饲，并提供清洁饮水，饲料中掺入一定量的食盐、石子。

3. 放牧

（1）放牧地选择

选择海拔 2 500～3 500 m 地势平缓，无高大灌丛，交通方便，临近水源，蝗虫虫口密度达到一倍防治指标且连片分布的草原蝗虫发生区作为放牧地。

（2）放牧准备

按照要求对选定的放牧地进行蝗虫虫情调查，密度达到要求的蝗虫发生区蝗龄期达二龄期即开始组织鸡群放牧。准备牧鸡灭蝗所需的车辆、鸡笼、帐篷、补饲饲料，以及手钳、铁丝等辅助工具材料。放牧场地应搭建鸡群临时避雨设施。

（3）放牧时段

牧鸡灭蝗时，应选择多云天气，晴天应在上午 10：00 以前和下午 4：00 以后进行放牧。雨天以及阳光强烈、气温较高的晴天中午时段应收牧休息。

（4）放牧方法

将防治区域分区标记，以 300～500 羽鸡为一群逐区放牧防治蝗虫。每群配备放牧员 2 人，一人在前用哨音引导鸡群捕食蝗虫，一人在后人工驱赶，蝗虫密度大的区域可稍缓驱赶。放牧 2 h 后，检查鸡群捕食状态和牧鸡嗉囊。当多数鸡嗉囊饱满，不再捕食时，应及时收牧，提供充足饮水和遮阴，让鸡休息。鸡群放牧时应注意驱赶老鹰等天敌，夜晚防止狐狸、黄鼬等偷食牧鸡。

（5）转场

当防治区域的蝗虫虫口密度≤3 头/m² 后即可转场。

六、注意事项

1. 搞好牧鸡防疫，提高牧鸡抗病能力

放养牧鸡因活动范围大，鸡的疾病防治难度增加，必须按养鸡要求，严格做好卫生消毒和防疫工作，及时注射或服用各种常规疫苗及驱虫、消炎药品，不能有丝毫麻痹。

2. 搭建移动鸡舍

牧鸡棚舍搭建应为活动式，要按草地走向，选择地势高、北风向阳，昼夜温度变化小的平地中间，搭建坐北向南的鸡舍，四周设排水沟，要做到防风防雨、保温防暑、通风、不易积水，同时要考虑到交通条件和供水方便。

3. 保证饮水和补饲

在放牧期间，无论上、下午，出牧前都不补喂饲料，使鸡处于饥饿状态，提高扑食蝗虫量，同时也便于信号引导。要保证鸡的正常饮水，每晚鸡群回舍后有充足的饮水。每日下午收牧时要补饲饲料，每只鸡 50.0 ~ 70.0 g。一般日粮为：玉米 82.5%、葵花油渣 15.0%、骨粉 2.0%、食盐 0.4%、矿物添加剂 0.1%，另 100.0 kg 饲料加 250.0 g 维生素，现吃现拌。

第七节　草原害虫综合防治技术

一、技术概述

草原害虫综合防治也称危害虫综合管理，是针对由于大量使用化学杀虫剂而引发"3R"问题（即害虫的抗药性、害虫的再猖獗、药剂的残留）提出的。综合防治是对有害生物进行科学管理的体系，它是从农业生态系统的整体出发，根据有害生物和环境之间的相互关系，充分发挥自然因子的调控作用，因地制宜地协调、应用必要的措施，将有害生物控制在经济、生态损失危害允许水平以下，以获得最佳的经济、社会和生态环境效益。也就是说，根据害虫的发生情况，采用生态、物理、机械、化学、农业、生物等方法，在短时间内将害虫种群数量降低到经济阈值（生态阈值）以下，达到环境安全和增加草原生产力的目的。综合防治是实现害虫可持续治理的根本方法。

二、关键术语

1. 危害区

危害区是指某种昆虫在某一地区范围内有很多的数量，因而能造成一定的危害性，已成为该地区的害虫。也就是说，危害区就是在某种害虫的分布区中，具备最适合该种害虫生活的条件。

2. 预警区

预警区是指草原害虫密度达到防治指标，且易暴发成灾的区域。

3. 可持续治理

可持续治理是经过长期的害虫适生区改造和治理，遗留的害虫适生区要继续改造，难度很大，此期的治理策略考虑减灾目标与环保目标的统一，强调以保护利用天敌和改善害虫适生区生态环境相结合的"生态控制"为基础。

三、技术特点

1. 适用范围

该治理技术适用于青藏高原及其周边各类草原虫害的综合治理。

2. 技术优势

（1）综合防治技术是基于草地虫害的监测预警、环境适应性及生物学研究等方面，结合国家生态功能区划，根据不同的生态功能定位，可因地制宜地选择不同的防治技术，对于生态地位极其重要的水源地和生态环境极其脆弱的地区，应用综合防治技术，能更好地保护草原涵养水源功能和生物多样性，保障生态安全。

（2）可合理协调多种调控技术，在防治草原虫害的同时结合放牧管理、草地改良措施等配套实施，系统设计，分步实施，使它们相互协调，从整体上对害虫进行控制，实现草原害虫的综合防控。

总之，综合防治有利于实现人与自然的和谐发展，维护生物多样性，使害虫防治的当前利益和长远利益相统一，防治效果好。

四、技术流程

在"预防为主，综合防治"方针指导下，以降低化学农药污染，促进人与自然和谐相处为理念，根据草原地区实际情况，提出草原虫害生物防控综合配套技术路线：运用生态系统平衡原理，对虫害生物防控进行技术设计；在虫害常发和重发区，建立健全监测预警体系；采用生物制剂、植物源农药、天敌防控等生物技术防控虫害，同时结合围栏封育、人工种草、草地改良等措施改善发生条件，达到降低虫口密度、挽回因灾损失、减少环境污染、维护生物多样性的目的，使草原害虫密度长期控制在经济阈值以下，做到有虫无害，实现草原生态系统平衡。

草原害虫防治技术流程如图4-7所示。

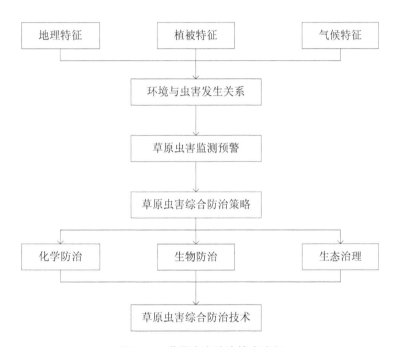

图4-7　草原害虫防治技术流程

五、技术内容

1. 草原害虫预警监测技术

将草原虫害的监测技术、预测技术、计算机网络技术和信息管理技术有机地结合起来，利用先进的遥感遥测系统（RS）、全球定位系统（GPS）、地理信息系统（GIS）、人工智能决策支持系统（AIS）和计算机网络信息管理系统（IMS），对病虫害发生、危害动态进行预测、监测，监测害虫动态，做好查卵、查孵化、查蛹等工作，做出及时准确的预测预报。

草原害虫监测预警流程如图4-8所示。

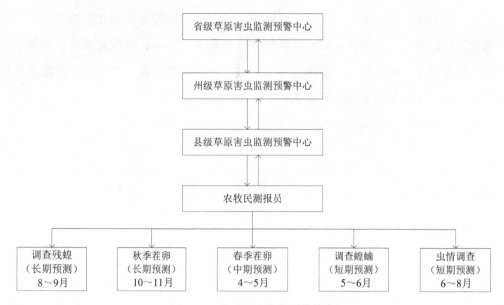

图 4-8　草原害虫监测预警流程

2. 草原虫害化学防治

化学防治法是使用杀虫剂防治害虫的方法，主要运用高效能、低毒性、低残留率的化学杀虫剂对草原蝗虫进行防治，具有杀虫效果好、速度快、效率高、操作简单的优点，适于机械化作业，可在短期内大量杀死害虫。但在防治害虫的同时也杀伤了天敌，污染了草原环境。尽管化学防治具有一些不可避免的缺点，但直到目前，当草原虫害大面积、高密度暴发时，它仍然是防治草原虫害必要的有效手段。常用杀虫剂包括有机磷杀虫剂、有机氮杀虫剂、合成拟菊酯类、杀螨剂。目前，四川省草原上使用的杀虫剂主要为赛得利乳油。

3. 草原虫害生物防治

此方法是利用各种有益的生物来控制害虫种类和种群数量，以降低和消灭害虫的方法。生物防治的内容包括以虫制虫、以微生物治虫、以其他动物治虫。途径有保护、增殖和引进三种。

（1）食虫昆虫的利用

可分为捕食性天敌和寄生性天敌两大类。捕食性天敌主要有螳螂、蜻蜓、草蛉、瓢虫、胡蜂、食虫虻、食蚜蝇、步甲、猎蝽。寄生性天敌主要有食蚜蝇、寄生蜂。

（2）病原微生物的应用

利用病原微生物或它的产物（生物制剂）防治害虫，称为微生物防治。目前应用的杀虫细菌主要有苏云金杆菌。这类杀虫细菌防治老龄害虫一般比幼龄的效果好，施用有严格的时间性，对人、畜、作物、益虫等无害。能使害虫感病的真菌叫虫生真菌，它的种类很多，但目前世界上主要用白僵菌和绿僵菌等防治害虫。白僵菌在自然界的分布很广，致病和适应性强，不但能寄生害虫，也能侵害益虫，所以应用时有其局限性。目前，已知害虫的病毒有500多种，如用核型多角体病毒、类产碱来防治草原毛虫、草原蝗虫等。

（3）植物源农药的利用

植物源农药印楝素、苦参碱、烟碱等对害虫有拒食、胃毒、触杀和抑制生长发育作用，在草原虫害防治中具有对环境友好、毒性普遍较低、不易使病虫产生抗药性等优点。

（4）其他动物的利用

也就是充分利用其他食虫动物来防治害虫，如蜘蛛、鸟类、蜥蜴、壁虎、刺猬、鼹鼠等。

4. 草原虫害生态治理

根据草原害虫自身的特点，因时因地制宜地采取多种措施保护和恢复草场植被，破坏其滋生的生态环境，以降低草原害虫的危害。应充分利用蝗虫拒食而蝗虫天敌喜食的小叶锦鸡儿、沙打旺等豆科植物的特性，建立豆科人工草地，可保护天敌，控制蝗虫种群密度，也可以通过对草场的补播、施肥、网围栏等草场改良的措施改变蝗虫的适生环境来实现对蝗虫的持续性的控制。对于低密度（＜10 头/m^2）蝗区，一般使用生态治理的方法。

第八节　大型喷药机防治草原害虫技术

一、技术概述

施药技术是降低防控成本的重要因素。目前，四川牧区草原虫害防控器械主要有背负式喷雾器和大型喷雾机械两种。一般情况下，在防控人员多、劳动力成本低、虫害面积小、地形复杂、难以实施大型器械和飞机防控时，应选择中小型喷雾机械防控；在虫害面积大、植被低矮、地势平坦的地区，应选择大型喷雾机械防控。2010 年，在全国畜牧总站的支持下，四川牧区引进巴西杰克多 AJ－401 大型喷雾设备，利用60～90 hp 的轮式拖拉机作为牵引动力，在草原虫害防控工作大面积推广应用。

二、技术特点

1. 主要性能特点

巴西杰克多 AJ－401 大型喷雾设备是利用风力产生涡流药物喷洒于作物或牧草上，可使作物或牧草叶面上下接收到药物，且喷洒附着均匀，雾化颗粒为 1.0～0.2 mm，配备动力为拖拉机传动动力，随机性好。此外，该机还具有体积小、重量轻、操作简便、作业效率高等特点。

2. 主要技术参数

（1）外形尺寸（长×宽×高）：1 450 mm×1 150 mm×2 000 mm。

（2）整体质量：230.0 kg。

（3）药罐容量：400.0 L。

（4）喷液量：1.0~430.0 L/ hm^2（可调）。

（5）作业幅宽：30.0~50.0 m。

（6）作业速度：2.0~6.0 km/h。

在防治作业中，由于作业幅宽，每套作业机械须配备 GPS 定位系统，要根据防治作业图，利用 GPS 导航进行防治作业。要求每天要对作业范围进行核对，避免重复防治和漏防。巴西杰克多 AJ-401 大型喷雾设备作业喷幅 30.0~50.0 m，每天防控面积达 266.7 hm^2，相当于人工防控 80 人一天的作业量，用水量较常量喷雾设备减少 70.0%~80.0%，解决了草原地区缺水条件下施药效率低、劳动强度大等难题，保证了防治效果，提高了工作效率、降低了防治成本，适用于大面积虫害防治工作，对四川牧区控制草原虫害、治理草原退化具有十分重要的意义。

三、技术流程

大型喷药机防治草原害虫技术流程如图 4-9 所示。

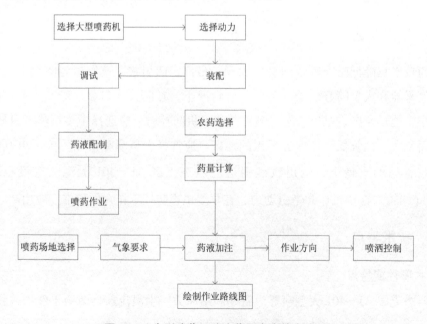

图 4-9 大型喷药机防治草原害虫技术流程

四、技术内容

1. 防治区规划

做好防治区域规划可极大地提高防治效率，减少漏防、重复防治。防治区规划主要根据使用机械台数、载药量、作业幅度、风向而定。当作业机械台数确定以后，根据总载药量和作业幅度，即可确定每一轮次的总面积；根据每一轮次总面积，可规划整个作业区，并在地形图上标出作业队的行走路线、反转点、连接点等，使防治工作有序进行。

大型喷雾机防治害虫机组工作路线如图4-10所示。

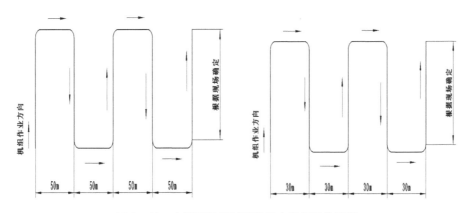

图4-10 大型喷雾机械防治害虫机组工作路线

2. 农药配制及药量计算

在使用大型喷药机防治草原害虫时，一般将制剂稀释成1~3倍液使用（另有配制要求的农药除外），平均每亩施药制剂量为20.0~50.0 ml。在草原害虫防治中，由于农药的种类、成分、浓度、理化性质等不同，每亩施药量亦不同。在农药配制时要根据农药使用说明书进行配制，在确保每亩用药量的同时，参照使用机械性能，确定稀释浓度。

3. 喷雾量校准

喷雾量是影响防治效果的重要因素之一，调节阀位置、拖拉机速度、喷射标准不同时，其喷射量和施用量也不同。其方法是：根据平均行走速度和喷幅测算喷洒面积，然后再根据每亩施药量调整实际喷量，直至达到每亩实际施药量与喷洒面积相同为止，此时的喷雾量即为标准喷雾量。有标准行走速度、喷雾量刻度尺的机械，如施用标准为25.0 m、施用量为122.0 L/h、拖拉机速度为6.0 km/h、调节阀位置为3.5 h，容量400.0 L药液用时3.28 h，可防治草原害虫面积49.2 hm²。作业遇风稍大时，药液浓度和两组喷洒机械间的间距均需做相应调整。如巴西杰克多 AJ-401，可按喷雾量调整说明书进行校准。在喷药前应做喷洒试验，计算喷洒量。喷洒量按照下式计算：

$$Q = \frac{q \times 600}{V \times F}$$

式中，Q 为喷洒量（L/hm^2）；q 为喷嘴总排放量（L/min）；F 为喷洒带宽度（m）；V 为拖拉机速度（km/h）；600 为常数（单位转化因子，因不同设备而有所差异）。

4. 防治作业

在无风时，选好间距可多人多台机械同行同向作业；有风时，尽量避免顶风或顺风行走作业，应与风向垂直方向行走作业，多人多台机械排成"斜一字形"队列，队形"下风头"在前，"上风头"在后，并且"下风头"作业人员先行。作业中，作业人员每天都要严格按照《防治作业区规划图》进行作业，及时标注防治范围，避免漏防和重复防治。防治人员要做好自身防护工作，每天工作时间不得超过 8.0 h，对身体感觉不适或有明显中毒现象的人员要立即停止工作并积极救治。

5. 防效检查

为确保防治效果达到规定标准，防效检查是检验防治效果的有效手段，也是修正防治工作中出现各种错误的有效方法。防效检查需分区分时段进行，即在防治过的不同区域中，分时段进行防效检查。如果防治效果一般或差，应立即查找原因，检查是否存在风速过大、行走速度过快或过慢、喷量变小或变大、施药浓度过低等原因。

五、应用案例

2013 年甘孜牧区草原虫害防治工作，大部分是通过乡人民政府组织人工（牧民），采用背负式或机动式喷雾器开展，按平均每人每天完成防治任务 3.3 hm² 计算，完成 6 666.7 hm² 防治面积需要投入 100 个人连续工作 20 d 才能完成。

2013 年甘孜牧区引进了巴西杰克多 AJ-401 超低量大型喷雾设备，在石渠、理塘、色达、道孚等县利用东方红 704 或 904 作为牵引动力，用于草原虫害防控工作，采用 2 台杰克多 AJ-401 大型喷雾器 12~14 d 即可完成 3.3 hm² 的防治任务，有效提高了防治效率与防治效果。

六、存在的问题与注意事项

1. 存在的问题

（1）使用大型喷雾机械开展草原虫害防治工作，受地形、围栏、地面紧实度等多种因素限制，边角零星地带以及不适于大型机械作业的危害区域，应组织人工采用背负式喷雾或机动喷雾器进行作业。

（2）受大风等气候因子影响，采用大型喷药机喷药作业时，最好选择晴天上午或下午，无风或微风的天气进行，尽量避开在相对湿度≤55%的烈日中午、风速不定或风向随时变化的天气进行喷药作业。

2. 注意事项

（1）安全措施

喷药机喷药作业应参考《喷雾器安全施药技术规范》NY/T 1225－2006 的要求进行。

（2）驾驶安全

驾驶人员应持有符合农机驾驶资质要求的驾驶执照，机器上路行驶应符合农机道路安全法规的要求，不得无证驾驶。

（3）维修安全

喷药机组装、调试、拆卸应由专业人员完成，穿戴工作服，在坚实的平地上进行操作，严防倾覆。调试机器前，应关掉机器和牵引动力，防止小孩、老人或动物靠近。机器运转时，手脚、头发和衣服应远离机器活动部件，不得触摸机器的传动轴、传送带和风扇等任何活动部件。

（4）作业安全

机器喷洒作业时应注意观察前方情况，控制行进速度，保持平稳，防止驶入危险区域、超速和过度颠簸。

（5）药物安全

药物选择与使用应按 DB51/T 940—2009 的规定进行。药液配制人员戴齐防水手套、口罩、雨衣或防水围裙等防护用具。喷药人员应穿着长袖工作服，佩戴合适的防护帽和面罩。作业结束后，人员、机具与防护用具应进行清洗。一个作业片区施药结束后应设置禁牧标志，明确禁牧期限，禁止牛羊等进入，以免误食中毒。

第九节　高寒地区直升机防治草原害虫技术

一、技术概述

四川高寒牧区，草原面积大，海拔高，气候恶劣，生态环境脆弱，西藏飞蝗等草原害虫分布范围大，严重影响了畜牧业发展和农牧民的生产生活。传统的虫害防治主要靠人工和机械防治，效率低，对高海拔和高山陡峭的山地区域与暴发性蝗灾往往束手无策，应用直升机防治虫害可以有效解决这个问题。

二、技术特点

1. 适用范围

本技术特别适合在高寒牧区，特别是青藏高原推广应用。

2. 技术特点

直升机防治害虫作为一种防治方法，具有效率高、成本低等优点，特别是对于暴发性蝗虫灾害防治具有时效快、机动灵活等特点。

三、技术流程

高寒地区直升机防治草原害虫技术流程如图 4 – 11 所示。

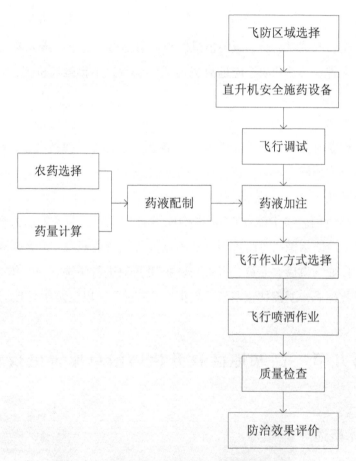

图 4 – 11　高寒地区直升机防治草原害虫技术流程

四、技术内容

1. 作业前准备

（1）飞防区域选择

直升机防治害虫区域选择要遵循以下原则：地势开阔，地形高差小，飞行成本低，符合直升机防治条件的虫害发生区。

（2）基本情况调查

直升机防治害虫需要进行以下基本情况调查：

①社会情况。调查防治区域人口、牲畜、经济收入、居住点、寺庙、水源、治安状况等社会基本情况。

②气象条件。在气象部门了解掌握当地气象条件和年气候变化规律。

③地形地貌。调查飞防区地形起伏、开阔程度和土壤质地等情况。

④草原状况。调查飞防区草原类型、植被状况、草原权属等情况。

⑤虫害状况。调查害虫种类、密度、虫龄、分布面积、危害状况及虫卵孵化情况等内容。

⑥交通运输条件。实地查看交通运输状况，是否能保障相关飞防物资运输到位。

⑦临时机场条件。有无可供直升机安全起降、停放的临时机场或停机点。

⑧飞防区确定。结合虫害发生情况和直升机作业条件等要求确定飞行作业区域。在 1∶50 000 或 1∶100 000 地形图上绘制飞防区作业图，标注作业区主要拐点，测定经纬度，并标明作业区内的村庄、河流、湖泊、电线、居住点等忌避区的位置。

（3）临时机场整理

对选择的临时机场中存在的土坑进行填平，去除石头等障碍物。随后进行除尘工作。临时机场的整理如图 4－12 所示。

图 4－12　临时机场整理

2. 直升机准备

进行飞机防治必须作好直升机协调事宜，主要有以下几个方面的准备工作：

（1）签订合同

直升机作业前 2～3 个月，应与相关部门协商好直升机使用事宜，签订飞行作业合同，确定使用的机型、机场、直升机架数、作业面积、调机与作业时间、飞行架次等内容，明确双方应承担的经济与技术责任、质量标准要求、收费标准和结算办法等。

（2）安装施药设备

将特制的施药喷洒设备安装在直升机上，调试好施药控制系统（如图 4-13）。

图 4-13　安装检查施药设备

（3）调机

直升机作业前 3 d，应将直升机调到作业区临时机场。

（4）试飞

①试飞。飞行作业前，安排防治技术人员与机组人员共同进行试飞，查看作业区地形地貌，确定飞行路线。

②确定飞行作业参数。飞行作业前要确定作业高度、作业速度、药液流速、喷幅宽度等飞行作业参数。在飞行垂直方向上设 1 条 100.0 m 长南北向采样线，每间隔 10.0 m 放置一张水敏纸，于直升机作业 30.0 min 后收回，进行雾滴观测，测试有关参数（如图 4-14）。

图 4 - 14 确定飞行参数试验

3. 药物准备

（1）药物选择原则

药物选择按照 DB51/T 940—2009 标准规定选取，禁止在草原上使用剧毒农药。

（2）质量要求

药物质量要符合 NY/T 1276—2007 和 DB51/T 940—2009 标准。闪点在 70.0 ℃ 以上，酸碱度 pH 值在 4 以上，不黏稠、高效低毒、对机体腐蚀性小，对作业区禽畜、鱼、蚕、蜂及农作物比较安全的合格品种。

（3）运输

药剂运输按照 NY/T 1276—2007 和 DB51/T 940—2009 标准执行。

（4）临时机场管理

直升机停入临时机场前，应对机场内外进行清理，消除影响直升机安全的因素。组织公安、民兵负责临时机场的安保警戒工作，在外围设置警戒线。安保警戒至直升机作业完成，离开临时机场为止。

4. 其他准备

主要是相关资料、GPS、通信工具、界旗、观测设备、抽水泵、车辆等物资和人员的准备工作。

5. 飞行作业

（1）作业条件

作业条件主要考虑以下几个方面：

①气象要求。晴天或阴天，能见度≥500 m，地面风速≤4 m/s。

②地勤保障。保持装药现场、机场、作业区通信畅通，监测作业区气象状况。

③飞防区管制。作业时，飞防区设置界旗，禁止放牧，禁止组织大型活动，主要交通道路设置警戒线，实施交通管制，确保飞行和人畜安全。

④GPS 信息录入。作业前，将作业区主要拐点经纬度信息输入直升机 GPS 自动导航系统，设计空中作业航线，利用 GPS 差分台校正飞行偏差，保证飞行精度。

（2）配制药液

①计算用药量。测算飞防区面积，根据药剂标签推荐的使用剂量，计算用药量。

②配制药液。准备好容积≥2 000 L 的容器，按照药剂标签推荐的配制方法，在临时机场现场配制（如图 4-15）。

图 4-15　配制药液

③装载药液。使用功率＞50.0 W 的抽水泵，将配制好的药液抽入直升机装药设备中。在高原地区，每次装药量一般为 1 000~2 000 L。

（3）飞行作业

①作业时间。一般宜在 9：00~11：00、17：00~20：00。

②飞行作业方式。根据防治区域形状、面积、风向、飞机载药重量和作业速度等参数确定（如图 4-16）。

③单程式。一架次所载药液，正好单程喷完一带。

④复程式。一架次所载药液，往返飞行一次喷完。

⑤穿梭式。一架次所载药液，往返飞行若干次后喷完。

⑥喷幅和作业高度。施药喷幅宽度一般为 50.0 ~ 100.0 m，作业高度一般为 5.0 ~ 20.0 m。

图 4 - 16　飞行施药作业

6. 质量检查

（1）有效喷幅和沉降率测定

在飞防区设置一定数量的样方，检测药液沉降到地面的宽度和沉降率，误差 ≤10%。

（2）防治面积测定

通过飞行架次、飞行参数和地形图，测算喷洒面积。作业完成后，要求有效喷洒面积≥计划面积的 90.0%。具体计算方法如下：

$$T = M \times N$$

式中，T 为喷洒面积（m^2/s）；M 为作业速度（m/s）；N 为喷幅宽度（m）。

$$H = T \times K$$

式中，H 为同每架次喷洒面积（m^2）；T 为单位时间喷洒面积（m^2/s）；K 为喷洒时间（s）。

（3）误差校正

现场检查如超过允许误差，立即告知飞行机组及时进行校正。直升机虫害防治技术参数记录参见表 4 - 5。

表4-5　直升机虫害防治技术参数记录表

药物名称	药液配制浓度/%	每架次装药量/L	作业速度/(m·s⁻¹)	作业高度/m	有效喷幅/m	喷头流量/(ml·s⁻¹)	雾滴直径/mm	地面风速/(m·s⁻¹)	每架次喷洒面积/hm²	作业时间/s

7. 作业效果评估

（1）残留虫口密度要求低于部省草原虫害防治指标。

（2）作业后，防治区虫口减退率≥90%。计算公式如下：

$$D = \frac{A-B}{A} \times 100\%$$

式中，D为虫口减退率（%）；A为施药前虫口数；B为施药后虫口数。

（3）无人畜安全事故发生。

8. 防治后管理

（1）人工施药补漏

飞行作业后，组织技术人员检查防治效果，对于边角地、遗漏地和防治效果差的防治区，要组织人员进行人工施药补漏，确保防治效果。

（2）禁牧

防治地区要设立标志，按照农药特定要求确定禁牧时间。禁牧区域和禁牧期要公开告示，加强安全宣传与教育。常用农药与禁牧时间按照DB51/T940—2009标准执行。

禁牧期满后，由技术人员检查施药区域，确定无安全隐患后方可解除禁牧。

（3）建立档案

建立完整的技术档案，档案内容包括飞防作业实施方案、飞行作业记录表、技术报告、效果调查表、作业区管护、试验研究、工作总结、资金来源与使用情况、照片、视频等内容。

五、应用案例

1. 基本情况

西藏飞蝗是我国危害最严重的三大飞蝗之一，主要分布于西藏西部、东部和四川西北部等高原地区。近年来，由于全球气候变暖、草原植被退化、持续干旱等原因，西藏飞蝗在四川甘孜州石渠、甘孜和西藏阿里、昌都江达等地区暴发成灾，危害牧草、青稞、燕麦等，给农牧业造成了严重的损失和危害。为控制西藏飞蝗起飞成灾，四川首次采用军用高原直升机对四川、西藏两地西藏飞蝗危害最严重地区进行飞机灭治，效果明显，有效遏制了西藏飞蝗的暴发和危害，积极探索了快速、有效治理青藏高原区蝗虫危害的防治手段和途径。本项目计划开展直升机治蝗 3.33 万 hm²，涉及四川石渠县、甘孜县和西藏江达县。选择在自然条件适宜，集中连片（作业面积不小于 0.067万 hm²，有效面积不小于作业面积的 80.0%），草地蝗虫危害重，群众有积极要求的地方。

（1）石渠县洛须镇

涉及真达、奔达、正科乡和洛须镇，草地面积 13.23 万 hm²，人口 10 728 人，牲畜 98 226 头（只）。西藏飞蝗虫口平均密度 265 头/m²，最高密度 6 000 头/m²。该区直升机治蝗任务 2 万 hm²，沿金沙江东岸分布，海拔 3 320 ~ 3 620m，隔江与西藏自治区江达县相望，河坝地带较平坦，而两边为高山草甸，山体较陡，蝗虫危害区主要分布于农田与草地交接地带。

（2）甘孜县卡攻乡

全乡有人口 1 490 人，牲畜 3 357 头（只）。草地 1.25 万 hm²，其中可利用草地1.0 万 hm²，耕地面积 0.073 万 hm²。西藏飞蝗平均密度 50 头/m²，最高密度达400 头/m²。直升机治蝗任务 0.67 万 hm²，沿雅砻江两岸分布，海拔 3 520 m，地势较平坦，并有国道 317 线沿江岸穿过，交通方便。草原保护与建设管理和技术推广机构健全。

（3）西藏江达县西邓柯区

隔金沙江与石渠县真达、奔达、正科乡和洛须镇相邻，地形地貌与石渠县洛须镇相似，西藏飞蝗发生危害情况与洛须镇相似。直升机治蝗任务 0.67 万 hm²，沿金沙江西岸分布。

2. 防治时期与飞行设计

（1）防治时期

西藏飞蝗为群居型和散居型混生，以群居型为主。据调查，2007 年 6 月 20 日至 7月 8 日，主要为二龄、三龄蝗蝻混合期，平均虫口密度 50 ~ 96 头/m²，最高密度 400 ~1 000 头/m²，其中一龄蝗蝻占 13.0%，二龄占 28.0%，三龄占 54.0%，其他占 5.0%。

（2）直升机机型

米 – 17B7 型高原直升机，7616 – 400 型低量喷洒喷头，喷头流量 21.00 ~

36.95ml/s。

（3）飞行作业设计

根据草原蝗虫分布状况，综合考虑地形、海拔、风向等自然条件，避开村庄、河流、牲畜分布区，以安全第一、效果最佳为原则，制订出直升机防治作业区划。飞行作业前，在1∶100 000地形图上绘制作业区域图，并标明作业区内的村庄、河流、湖泊、电线、居住区和忌避药区的位置，测定作业区主要拐点经纬度。作业前，将作业区主要拐点经纬度信息输入直升机GPS自动导航系统，设计空中作业航线，并利用GPS差分台校正飞行偏差，保证飞行精度。

（4）作业条件

①气象要求。晴天或阴天，能见度≥500.0 m，地面风速≤4.0 m/s。

②地勤保障。保持装药现场、机场、作业区通信畅通，监测作业区气象状况。

③飞防区管制。作业时，飞防区设置界旗，禁止放牧，禁止组织大型活动，主要交通道路设置警戒线，实施交通管制，确保飞行和人畜安全。

④药液配制。测算飞防区面积，根据药剂标签推荐的使用剂量，计算用药量。准备好容积≥2 000 L的容器，按照药剂标签推荐的配制方法，在临时机场现场配制。使用功率50.0 W以上的抽水泵，将配制好的药液抽入直升机装药设备中。

⑤装药量。在高原地区，每次装药量一般为1 000~2 000 L。

（5）飞行参数

飞行高度和飞行速度需根据作业条件、气象条件、防治区块大小、喷液量等的要求调整。经反复试验测定，适合青藏高原直升机作业的有关参数为：作业时间宜选在地面风速<4.0 m/s的静风时，高原上一般宜在9∶00~11∶00、17∶00~20∶00。作业高度为5.0~20.0 m，飞行速度27.8~41.7 m/s，有效喷幅70.0~80.0 m，每架次装药量1 800 L，每架次喷洒飞行时间38.9~42.8 min，可喷洒面积583.6~642.0 hm²，相当于800人地面喷雾1 d的工作量（见表4-6）。飞行作业方式有单程式、复程式、穿梭式，根据防治区域形状、面积、风向、飞机载药重量和作业速度等参数确定。作业完成后，要求有效喷洒面积≥计划面积的90.0%。

3. 药剂选择与配制

200亿个活菌/ml类产碱假单胞菌·苏云金杆菌悬乳剂（以下简称类·苏悬乳剂），由成都川大创新生物技术研究所有限公司提供。100亿个活菌/ml杀蝗绿僵菌油悬乳剂，由重庆大学生物技术发展有限公司提供。4.5%高效氯氰菊酯乳油，由北京中农凯明科技有限公司提供。根据所选药物特点和适宜飞机喷洒的要求进行，采用低容量喷雾。在西藏飞蝗相对密度较高、危害较大且集中连片的洛须镇正科乡与西藏江达县邓柯乡使用 4.5% 高效氯氰菊酯乳油，使用剂量为 700.0 ml/hm²，按 1∶2 比例兑水；在石渠县奔达、洛须镇和甘孜县卡攻乡使用 200 亿个活菌/ml 类·苏悬乳剂，使用剂量为 600 ml/hm²，按 1∶3 比例兑水；在石渠县麻呷、真达西藏飞蝗危害较轻的区域使用 100 亿个活菌/ml 杀蝗绿僵菌油悬乳剂，施用前将油剂按 1∶5 比例与真菌农药稀释剂摇匀稀释后过滤，使用剂量为 600.0 ml/hm²，按 1∶3 比例兑水。

表 4-6　直升机治蝗技术参数

药物名称	药水比例	每架次装药量/kg	飞行速度/(m·s⁻¹)	作业高度/m	有效喷幅/m	喷头实际流量/(ml·s⁻¹)	原药用量/(ml·hm⁻²)	地面风速/(m·s⁻¹)	每架次飞播面积/hm²	每架次时间/s	雾滴密度/(个·cm⁻²)
4.5% 高效氯氰菊酯乳油	1/2	1 800	27.8~41.7	5~20	70~80	36.72	700	<4	583.6	38.9	10~30
200 亿个活菌/ml 类·苏悬乳剂	1/3	1 800	27.8~41.7	5~20	70~80	33.38	600	<4	642.0	42.8	10~28
100 亿个活菌/ml 杀蝗绿僵菌油悬乳剂	1/3	1 800	27.8~41.7	5~20	70~80	33.38	600	<4	642.0	42.8	10~28

4. 防治情况

2007 年 6 月 20 日至 7 月 8 日，四川省草原工作总站与原成都军区某部队合作，首次动用军用直升机在有"世界屋脊"之称的青藏高原上开展西藏飞蝗防治工作，经过精心部署，动用草原、农牧、消防、卫生、公安、气象等人员 100 余人，其中参与治蝗行动的飞行员及官兵 30 余人，在四川省甘孜州石渠县、西藏自治区江达县和甘孜县作业 17 d，使用 2 架军用直升机，3 台油罐车，油料 30 t，作业飞行 64 架次，喷洒农药 38.0 t，防治面积 3.34 万 hm²。

5. 防治效果

（1）灭效高，控制效果好

经测定，施用 4.5% 高效氯氰菊酯乳油 1~3 d 后蝗虫大量死亡。第 3 d 平均灭效 91.8%；第 5 d 达到最高，平均灭效 95.4%。施用 200 亿个活菌/ml 类·苏悬乳剂 5~7 d 后蝗虫大量死亡，第 7 d 平均灭效达到 88.5%。施用 100 亿个活菌/ml 绿僵菌油悬浮剂 7 d 后蝗虫大量死亡，第 15 d 平均灭效 83.2%。说明这 3 种药都能有效控制西藏飞蝗数量，并有效控制了川、藏交界区域和甘孜县重点区域的蝗灾。

（2）效率高，及时控制灾害发生

西藏飞蝗具有暴发性和迁飞性，分布区域具有海拔高、气温低、地形复杂、人烟稀少等特点，若开展常规防治劳动强度大、效率低、安全隐患大、投入成本高、人员难以组织，一旦大面积发生高密度西藏飞蝗，很难保证在短时间内及时控制其起飞蔓延。但采用高原直升机大面积灭治蝗灾，每个架次大约作业飞行 40.0 min，可喷洒约 533.0 hm^2，相当于 800 人地面集体作业一整天的工作量，飞机作业覆盖率可达 100.0%。因此，采用直升机防治不仅可降低防治成本，而且可大大提高防治效率，及时控制灾害发生。

（3）影响大，社会效益显著

军地联合、川藏协同飞机治蝗，对青藏高原大面积农牧业灾害防治飞行作业进行了有益探索，对保护高寒牧区草原生态环境有积极促进作用。各类新闻媒体的报道在社会中特别是在藏族聚居区引起了强烈反响，提高了广大干部群众的草原保护意识，为草原鼠虫害防治工作打下了良好的群众基础。

附件 四川草原主要鼠虫害防治历

一、高原鼠兔

附表 1.1 高原鼠兔介绍

高原鼠兔 *Ochotona curzoniae*	
分布与危害	高原鼠兔是青藏高原特有种，主要分布于青藏高原及其毗邻的尼泊尔、锡金等地。在中国主要分布于西藏、青海、甘肃南部、四川西北部等区域。主要栖居于海拔 3 100～5 100 m 的高寒草甸、高寒草原地区，喜欢选择土壤较为疏松的坡地、河谷阶地、低山丘陵、半阴半阳坡等植被低矮的开阔环境，回避灌丛及植被郁闭度高的环境 鼠类是草原生态系统中的重要成员，是食物链的重要组成部分。而高密度的鼠类活动对草地具有明显的消极作用。鼠类活动主要通过直接消耗牧草和掘土挖洞行为改变草地植物生物量分布及土壤结构和变化过程。啃食牧草将会破坏植被，改变群落结构，影响草地质量；而掘洞行为会破坏土壤环境，改变微地形，导致土壤养分损失，生态系统物质循环失调，逐步形成"黑土滩"和鼠荒地，也是鼠疫、包囊虫病等的传播源
适生区	土壤疏松、植被低矮的高寒退化草地
主要形态特征	高原鼠兔体型中等，体重可达 200 g，体长 120.0～190.0 mm。耳小而圆，耳长 20.0～33.0 mm。后肢略长于前肢，后足长 25.0～33.0 mm，前后足的指（趾）垫常隐于毛内，爪较发达，无明显的外尾，雌兽乳头 3 对。夏季体毛色深，短而贴身，呈暗沙黄褐色或棕黄色，上下唇及鼻部黑褐色，耳背面黑棕色，耳壳边缘淡色。从头脸部经颈、背至尾基部沙黄或黄褐色，向两侧至腹面颜色变浅。腹面污白色，毛尖染淡黄色泽。门齿孔与腭孔融合为一孔，犁骨悬露。额骨上无卵圆形小孔，整个颅形与达乌尔鼠兔相近，但是眶间部较窄而且明显向上拱突，从头开侧面观呈弧形，脑颅部前三分之一较隆起其后部平坦。颧弓粗壮，人字脊发达，听泡大而鼓凸。上、下颌每侧各具 6 颗颊齿
生物学特性	高原鼠兔终生营家族式生活，穴居，多在草地上挖密集的洞群，洞口间常有光秃的跑道相连，地下也有洞道相通。洞穴洞道据洞穴的复杂程度可将其划分为两种：一种为简单洞系，即临时洞和避难洞，洞道浅而短；另一种为复杂洞系，占地面积大，洞道长，分支多，有的相互连接成网状；洞系内有一主巢室，往往处于整个洞系的最深处，巢内铺垫柔软的枯草、牛毛、羊毛等，是越冬、育幼的场所。其巢区相对稳定，每个巢区的家族成员平均为 3～4 只。通常多个家族形成一个群聚，有明显的护域行为。高原鼠兔繁殖力较强，一般 4～8 月为生育期，繁殖盛期在 5 月上旬至 7 月上旬，每胎产仔多数 3～6 只。高原鼠兔营昼间生活，出洞时常依太阳照射洞口而定，喜欢晒太阳，不冬眠。其地面活动有两个高峰时，日活动第一个高峰期出现在 9：00，第二个高峰出现在 18：00，个体喜欢在洞道追逐玩耍 高原鼠兔具有啃食、掘洞、刈割、贮藏习性，往往以植食为主，主要以植物的茎叶、地下根茎或种子为食，采食禾草和杂类草，喜食早熟禾、针茅、披碱草、珠芽蓼、紫菀、委陵菜等，也包括棘豆属、橐吾属、狼毒属等有毒植物，不喜食莎草科植物。平均每日采食鲜草 77.3 g，约占其体重的一半

附表 1.2　高原鼠兔防治方法

时间	防治方法	要点说明
3~4 月	1. 开展越冬后种群数量及危害状况调查。可采用 TBS 陷阱技术、有效洞口法、夹日捕获法等 2. 开展春季鼠害防治工作，主要采用毒饵法进行种群控制，常用杀鼠剂有 C 型、D 型肉毒毒素杀鼠剂、20.02% 地芬诺酯·硫酸钡、0.005% 氟鼠灵、0.075% 胆钙化醇等	春季鼠害监测。毒饵按洞投放，投洞率达 80% 以上，每个洞口投放毒饵 2~3 g/堆
5~7 月	1. 繁殖情况监测。可采用 TBS 陷阱技术、有效洞口法、夹日捕获法等 2. 对鼠害迹地进行植被恢复治理，主要方法有人工种草恢复和补播改良恢复 3. 针对不同鼠荒地的植被恢复治理，根据具体的适用条件，选择相应的治理模式进行治理，详见附表 1.4。	选用当地适生草种，以多年生禾本科草类植物为主混播
5~9 月	1. 在非冻土期，招引天敌对高原鼠兔进行持续控制，可安装招鹰控鼠鹰架、引狐治鼠 2. 一般安装 T 形鹰架或鹰巢，可选用水泥制作，架高 4.0~5.0 m，安装间隔 500.0~800.0 m/座；也可在 T 形架上放置鹰巢，为鹰类天敌提供隐蔽条件	一般安装在地势较平坦的鼠害常发区域，应避开村庄、电缆等设施
11 月至翌年 1 月	1. 开展越冬期种群数量及危害状况调查。可采用 TBS 陷阱技术、有效洞口法、夹日捕获法等 2. 开展冬季鼠害防治工作，主要采用毒饵法进行种群控制，常用杀鼠剂有 C 型、D 型肉毒毒素杀鼠剂、20.02% 地芬诺酯·硫酸钡、0.005% 氟鼠灵、0.075% 胆钙化醇等	冬季鼠害监测。毒饵按洞投放，投洞率达 80.0% 以上，每个洞口投放毒饵 2~3 g/堆

附表 1.3　高原鼠兔型鼠荒地分级

主要因子	分级指标	危害程度分级			备注
		1 级	2 级	3 级	
鼠密度	总洞穴量/(个·hm^{-2})	<500	500~1 500	>1 500	主要指标
可食牧草	可食牧草比例/%	15~20	10~15	5~10	参考指标
秃斑地	秃斑率/%	40~60	61~80	>80	参考指标

附表 1.4　鼠荒地植被恢复治理模式

治理模式	适用条件	主要措施
人工草地建植模式	坡度小于 7°的 2 级及以上鼠荒地，且水热条件较好，土层厚度在 25.0 cm 以上	控鼠 + 翻耕整地 + 混播种草 + 禁牧 + 田间管理
草地补播改良模式	坡度小于 7°的 1 级、2 级鼠荒地；坡度为 7°~25°的各类鼠荒地	控鼠 + 免耕划破 + 补播种草 + 施肥 + 禁牧（3 年）
自然封育模式	坡度大于 25°的各类鼠荒地；坡度小于 25°的 1 级鼠荒地	控鼠 + 封育；控鼠 + 施肥 + 补播 + 封育（生长季休牧）

注：高原鼠兔防治历以川西北草原为例。

二、高原鼢鼠

附表 2.1 高原鼢鼠介绍

<table>
<tr><td colspan="2" align="center">高原鼢鼠
Eospalax baileyi Pallas</td></tr>
<tr>
<td>分布与危害</td>
<td>高原鼢鼠是青藏高原的特有种，其分布仅见于高原海拔 2 800～4 500 m 地区，在甘肃河西走廊以南的祁连山地、甘南高原、青海高原，以及川西北部的农田、草坡及草原。多在海拔 3 200～4 200 m 的亚高山草甸草地和高山草甸草地内，尤以土壤疏松潮湿的宽谷平坝、阶地、缓坡密度较大的地区。一般在土壤厚度 20～30 cm 地带数量较少，在土壤干燥或有石砾相间地带很少或几乎没有分布。高原鼢鼠常与高原鼠兔交替危害，并呈交叉危害。在高原鼠兔危害后形成的次生植被地带，草地的地下部分根茎、块根等食物丰富，高原鼢鼠分布也最多</td>
</tr>
<tr>
<td>适生区</td>
<td>土壤疏松、植被低矮的高寒退化草地</td>
</tr>
<tr>
<td>主要形态特征</td>
<td>体型粗圆，吻短，眼睛退化，耳壳退化为环绕耳孔的皮褶，不突出于被毛外。尾短，其长超过后足长，并覆以密毛。四肢较短粗，前后足上面覆以短毛。前足掌的后部具毛，前部和指无毛，后足掌无毛。前足的 2～4 指爪发达，后足趾爪显然小而短。躯体被毛柔软，并具光泽。背腹毛色基本一致，成体毛色从头部至尾部观，呈灰棕色；自臀部至头部观，呈暗赭棕色；腹面较背部更暗灰色，毛基均为暗鼠灰色，毛尖褐棕色</td>
</tr>
<tr>
<td>生物学特性</td>
<td>高原鼢鼠是典型的独居性动物，除雌鼠育幼期与幼仔同居外，每只鼢鼠均有单独巢区。高原鼢鼠终年生活在黑暗的洞道中，一年四季均有活动，表现为交配繁殖、哺乳育幼、分居贮粮、巢内越冬等。有怕风畏光、堵塞开放洞道的习性，当洞穴被打开时，它会很快推土封洞。高原鼢鼠推出土丘的活动高峰有两次：4～5 月的繁殖期和 9～10 月入冬前

高原鼢鼠日食鲜草量平均约为 200.0 g，主要取食菊科、蔷薇科、十字花科、紫草科等杂类草的轴根、根茎、块根、根蘖，也常将植物的茎叶拖入洞道内取食或作巢内铺草。对禾本科植物，只少食根茎和嫩叶。最喜食的草有多裂委陵菜、二裂委陵菜等根及根茎部分，块根和地下茎是鼢鼠越冬的主要贮藏食物</td>
</tr>
</table>

附表2.2 高原鼢鼠防治方法

时间	防治方法	要点说明
5~6月	1. 开展越冬后种群数量、危害状况及繁殖情况调查。可采用有效土丘法、样方捕尽法、弓箭法等 2. 开展春季鼠害防治工作。针对鼢鼠常年营地下生活的特点，主要采用弓箭法进行灭鼠。根据土丘的新鲜程度和土丘的分布形状，确定有效土丘群，一般一个有效土丘群安装1~3个弓箭 3. 采用插洞法洞道内投毒饵进行种群控制。常用杀鼠剂有鼢鼠灵、C型肉毒毒素杀鼠剂、D型肉毒毒素杀鼠剂、20.02%地芬诺酯·硫酸钡、0.005%氟鼠灵、0.075%胆钙化醇等	1. 弓箭制作：选用直径为1.0~2.0 cm、直形、有一定强度的枝条或钢筋制作灭鼠弓箭 2. 探钎：截取直径为0.8 cm、长80.0~100.0 cm的铁丝或钢丝，制成"P"或"T"字形状 3. 箭：截取直径0.5 cm、长50.0 cm的铁（钢）丝，制成前端锋利、末端圆形环 4. 毒饵按洞道投放，每个洞道切开后投放毒饵2~3 g/堆，后将洞道口用草皮复原
5~7月	1. 对鼠害迹地进行植被恢复治理。主要方法有人工种草恢复和补播改良恢复 2. 针对不同鼠荒地的植被恢复治理。根据具体的适用条件，选择相应的治理模式进行治理，详见附表2.4	选用当地适生草种，以多年生禾本科草类植物为主混播
9~10月	1. 越冬前种群数量及危害情况监测。可采用有效土丘法、样方捕尽法、弓箭法等 2. 开展秋季鼠害防治工作。针对鼢鼠秋季储粮的特性，主要采用弓箭法进行灭鼠。根据土丘的新鲜程度和土丘的分布形状，确定有效土丘群，一般一个有效土丘群安装1~3个弓箭	

附表2.3 高原鼢鼠型鼠荒地分级

主要因子	分级指标	危害程度分级			备注
		1级	2级	3级	
鼠密度	总土丘量/(个·hm^{-2})	<500	500~1 500	>1 500	主要指标
可食牧草	可食牧草比例/%	15~20	10~15	5~10	参考指标
秃斑地	秃斑率/%	40~60	61~80	>80	参考指标

附表2.4 鼠荒地植被恢复治理模式

治理模式	适用条件	主要措施
人工草地建植模式	坡度小于7°的2级及以上鼠荒地，且水热条件较好，土层厚度在25.0 cm以上	控鼠+翻耕整地+混播种草+禁牧+田间管理
草地补播改良模式	坡度小于7°的1级、2级鼠荒地；坡度为7°~25°的各类鼠荒地	控鼠+免耕划破+补播种草+施肥+禁牧（3年）
自然封育模式	坡度大于25°的各类鼠荒地；坡度小于25°的1级鼠荒地	控鼠+封育；控鼠+施肥+补播+封育（生长季休牧）

注：高原鼢鼠防治历以川西北草原为例。

三、西藏飞蝗

附表 3.1　西藏飞蝗介绍

西藏飞蝗
Locusta migratoria tibetensis Chen

分布与危害	西藏飞蝗主要分布西藏阿里地区狮泉河流域、象泉河流域、孔雀河流域、日喀则地区、山南地区、林芝地区雅鲁藏布江流域，四川西部甘孜州雅砻江、金沙江流域、阿坝州大渡河上游、青海省南部玉树州通天河流域。以危害青稞、小麦、燕麦、狗尾草、蒿草、异针茅、披碱草、芦苇、白羊草、早熟禾等作物和草本植物为主。由于其食量大、繁殖力强，已成为青藏高原农作物和草场的一种重要害虫，严重影响当地农牧业的生产和发展
寄主	青稞、小麦、玉米等农作物，禾本科、莎草科等草本植物
主要形态特征	成虫的体长：雄虫为 32.4~48.1mm，雌虫为 38.6~52.8mm；体色常为绿或黄褐色，可因型别、性别和羽化后时间长短，以及环境不同而有所变异。触角丝状；具 1 对复眼和 3 个单眼，咀嚼式口器，后足明显较长，善跳跃。前翅透明狭长，具有光泽和暗色斑纹；后翅透明，静止时折起，为前翅覆盖。腹部第 1 节背板两侧具鼓膜器。腹部末端雄虫下生殖板短锥形，雌虫为 1 对产卵瓣。卵囊黄褐或淡褐色，长筒形，长约 45.0 mm，中间略弯，上端为胶液，卵粒在下部微斜排列成 4 行。每块卵囊一般含卵 50.0~80.0 粒，卵粒长 6.0~7.0 mm，直径为 1.5mm 左右。若虫称蝗蝻或跳蝻，共五龄。龄期识别是进行预测预报指导防治适期的重要依据。一龄体长 5~10mm，触角 13~14 节，翅芽很小，不明显。二龄体长 8.0~14.0 mm，触角 18~19 节，翅芽稍现，前后翅芽相差不大，翅尖指向下方。三龄体长 10.0~20.0 mm，触角 20~21 节，翅芽明显，前翅芽明显小于后翅芽，后翅芽略呈三角形，翅尖指向后下方。四龄体长 16.0~25mm，触角 22~23 节，翅芽翻向背面靠拢，黑色，长达腹部第 2 节左右，翅尖指向后方。五龄体长 20.0~40.0 mm，触角 24~25 节，翅芽显著增大，长达腹部第 4 节、5 节，前翅芽狭长并为后翅芽所掩盖，向背上合拢，翅尖指向后方
生物学特性	西藏飞蝗 1 年发生 1 代，生长发育随着水平和垂直分布空间不同有显著差异，种群动态取决于生境植被种类、植被覆盖率及生态与环境因素。西藏飞蝗取食玉米、青稞、小麦、芦苇、稗草、狗尾草、披碱草等禾本科植物叶片或茎秆，喜欢在光照和温度较高的场所栖息或取食，全世代的发育起点温度和有效积温分别为 14.6℃和 787.8℃。主要发生在林带和荒地、河床，这些地方一般土壤碱性较重，植被较稀少，适合曝日取暖，并且翌年气温回升后，地面吸热快，植物萌发早，便于蝗卵较早孵化，是成虫主要产卵的场所。卵在土中越冬，4 月中下旬开始孵化，盛期在 5 月中下旬；一至三龄始盛期为 5 月中旬至 6 月中旬，高峰期为 6 月下旬至 7 月中旬；7 月上旬初始羽化，7 月下旬至 8 月上旬为羽化盛期；8 月上旬始见产卵，8 月下旬至 9 月上旬为产卵盛期；第 1 代成虫较早产下的卵块在条件适宜的情况下可于当年 9 月上旬孵化出土，但孵化出土的蝗蝻一般不能越冬。西藏飞蝗从卵源地向四周蔓延，直到羽化。成虫有迁飞性

附表3.2　西藏飞蝗防治方法

时间	虫态	防治方法	要点说明
3~5月	卵	在西藏飞蝗越冬地区采用物理防治方法，对土地进行翻耕，使卵暴露在不适宜的环境中，降低若虫出土率，减少西藏飞蝗种群数量	西藏飞蝗多产卵于植被盖度30.0%以下的针茅草场为主的生态环境中，土质较紧密、向阳山坡、山脚和路边，草丛基部偏南方向，灌木草丛的偏南方向
5~8月	若虫	种群密度超过防治指标，应采用苦参碱、印楝素、烟碱·苦参碱等植物源农药、绿僵菌等微生物农药进行防治；严重发生时，施用高效氯氟氰菊酯、马拉硫磷等化学药剂进行应急防治，可采用飞机或大型机械喷洒。在西藏，飞蝗常年发生，可利用牧鸡、牧鸭等方式进行防治	药剂施用最佳时间在若虫三龄期，一般是在6月初至7月中旬。牧鸡、牧鸭与药剂施用时间上要隔开，防止中毒
8~9月	成虫	滋生地改造，减少西藏飞蝗的食物源、最适生存地及产卵地，减少成虫产卵量，降低种群数量	

注：西藏飞蝗防治历以四川地区为例。

四、草原毛虫

附表4.1　草原毛虫介绍

草原毛虫	
	Gynaephora
分布与危害	草原毛虫在我国的发生种均为青藏高原的特有种，包括草原毛虫、青海草原毛虫、金黄草原毛虫、若尔盖草原毛虫、小草原毛虫。草原毛虫发生在海拔3 000~5 000 m凉爽湿润的生态环境中，以莎草科植物为主的高寒草甸、山地草甸和草甸化草原常常是高发区，主要分布在青海、甘肃、西藏、四川等地区。在青海、西藏、甘肃大量危害的是青海草原毛虫，也有金黄草原毛虫混合发生。在四川阿坝州发生的是若尔盖草原毛虫和小草原毛虫 　　每年的6月中旬到7月中旬，幼虫期草原毛虫取食牧草的叶尖、茎尖等幼嫩部分，造成牧草叶片缺刻或孔洞，严重时可将牧草叶片全部吃光，危害牧草生长。草原毛虫还能引起放牧家畜不同类型的口膜炎，造成溃疡、断舌。有资料统计：单只毛虫每天可食嫩草2.0 g左右，活动频繁期在每天的上午8：00~11：00和下午的3：00~8：00。中午温度高，可潜伏在草丛、水沟等阴湿处休息。在草原毛虫的危害重灾区，可见密密麻麻的黑色毛虫，个别甚至能连成片呈黑色地带
寄主	莎草科、禾本科、豆科、蓼科、蔷薇科等各类牧草

（续附表4.1）

	草原毛虫 *Gynaephora*
主 要 形 态 特 征	草原毛虫成虫形态雌雄差异很大。雄蛾体长 7.0～9.0 mm，体黑色，被污黄色细毛。头部较小，口器退化，不吃东西。触角发达，羽毛状。复眼卵圆形，黑色。前、后翅均发达。3 对足具污黄色长毛，跗节 5 节，各节端部黄色。雌蛾，体长圆形，较扁，体长 8.0～14.0 mm，宽 5.0～9.0 mm，头部甚小，黑色。复眼、口器退化，触角短小，棍棒状。3 对足和前、后翅均退化，全身被黄色绒毛，翅、足等均看不到。不能行走，不能飞行，仅能用身体蠕动。由于雌蛾在茧中不外出，一般在地面上见不到 　　卵散生，藏于雌虫茧内，表面光滑，乳白色，直径 1.3 mm 左右，上端中央凹陷，呈浅褐色，接近孵化时，颜色逐渐变暗 　　雄性幼虫 6 龄，雌性幼虫 7 龄。初龄幼虫体长 2.5 mm 左右，初孵时体乳黄色，后变成灰黑色、黑色，背中线两侧，明显可见毛瘤 8 排，毛瘤上丛生黄褐色长毛。老熟幼虫体长 22.0 mm 左右，体黑色，密生黑色长毛，头部红色，腹部第六、七节的中背腺突起，呈鲜黄色或火红色
生 物 学 特 性	草原毛虫一年发生 1 代，第一龄幼虫于雌茧内在草根下、土中越冬。翌年 4 月中下旬或 5 月上旬开始活动。幼虫第二个龄期长达 7 个月左右，其余各龄一般是 15 d 左右。5 月下旬至 6 月上旬为三龄幼虫盛期。7 月上旬雄性幼虫开始结茧化蛹，7 月下旬雌性开始结茧化蛹，7 月底至 8 月上中旬为化蛹盛期。8 月初成虫开始羽化、交配、产卵。9 月初，卵开始孵化，9 月底至 10 月中旬为孵化盛期。孵化新的一龄幼虫仅取食卵壳，不食害牧草，不久逐渐开始进入越冬阶段 　　1. 幼虫期。本期是草原毛虫取食的营养阶段，也是大量取食牧草的危害阶段。第一，越冬和出土：越冬一龄幼虫有群聚习性，常数十条或上百条聚居一处。次年 4～5 月越冬幼虫随地层解冻气温逐日上升，从越冬场所向地表转移。临出土时，少数幼虫常于暖和的中午外出活动，当气温降低时又钻进越冬场所。一般出土比较齐，绝大部分幼虫在 1～2 d 出齐。第二，活动与取食：幼虫自第二龄开始取食危害。随其虫龄增长，逐渐延长活动和取食时间，扩大活动范围，迅速增加食量。五龄后进入暴食期，6 月中旬至 7 月危害最盛。气温与日照对幼虫活动与取食影响很大。低龄幼虫晴天的中午前后活动与取食最盛，高龄幼虫日出后气温升至 7℃时开始活动，13.0～16.0 ℃时活动与取食很旺。13.0 ℃以下逐渐停止活动。由于气温的日升降变化，幼虫形成两个取食高峰，即上午 8：00～11：00，下午 3：00～6：00。20.0 ℃以上，活动与取食降低，大部分幼虫爬行速度加快并表现出焦急状态。天气变化对幼虫活动也有影响，如阴云天气，降低活动强度，降雨、降雪停止活动，大风天植被动荡甚快，幼虫也不活动。草原毛虫主要喜食小嵩草、矮嵩、藏嵩草、垂穗披碱草、早熟禾、细叶苔、紫羊茅、洽草等牧草，也取食龙胆、棘豆、蒲公英、多枝黄芪的花。第三，脱皮：幼虫每次临近蜕皮时，钻入草叶、石块、牛粪下，停止活动与取食，经 4～6 d 的休眠期开始脱皮，脱皮历时一般为 15.0～90.0 min，刚脱皮的幼虫头为白色（末龄时为红色），经 1～2 d 头变黑色（部分三龄和四龄幼虫），便出外活动取食。四龄以上幼虫蜕皮时，常吐丝或连接草叶等构成薄茧将自身包围，待最后一次脱皮后，茧也就完成。第四，扩散与传播：雄蛾虽能远飞，但离开雌蛾无繁殖能力。雌蛾既不能飞翔，也不能爬行。卵产于茧内，茧固着于草木丛中。因此，成虫、卵或蛹均不能扩散与传播，只有幼虫能进行扩散与传播。幼虫爬行较快，在中午前后，每分钟可爬行 50.0 cm 左右。末龄幼虫爬行更快，对扩散起了很大作用，但一般不超过 2.0～3.0 km。在牧区，草原毛虫远距离的传播，主要靠牲畜驮运、放牧和牧民迁移等活动，把附着在牲畜身上、物品上的幼虫带到异地。据饥饿试验证明，在帐篷里，光线充足、温度较高的情况下，四龄幼虫经 1 周后死亡；在室外，光线充足、温度较低的情况下，20.0 d 后多数仍能正常生活。这种很强的耐饥能力，为其传播提供了有利条件。此外，流水也是毛虫传播的一条主要途径

（续附表4.1）

草原毛虫
Gynaephora

<table>
<tr><td rowspan="1">生
物
学
特
性</td><td>

2. 蛹期。幼虫老熟后，在草叶下、牛粪块、石块下及灌木丛中，停止取食，然后吐丝结茧，把自己包围在里面。幼虫自吐丝开始至纺织成茧约需 24 h。茧灰黑色，呈椭圆形、长把梨形、卵形。茧一般仅一层，也有两层的。茧的钝端是幼虫或蛹的头部，尖端是其尾部。钝端一般有一小孔或茧层很薄。幼虫做好茧后，体缩成弓形，毛脱落光，即进入前蛹期，历时 4 d 左右，幼虫脱去最后一次皮，进入蛹期。在平均气温 8.9 ℃、相对湿度 79.0% 的条件下，一般雌蛹期 10 d 左右，雄蛹期 25 d 左右

3. 成虫期。此期是交配繁殖后代的阶段。第一，羽化：羽化临近时，雄蛹头、胸部颜色变深，腹部伸长而颜色变浅。雌蛹体表变得干燥，失去光泽，体重减轻。雄蛹羽化时，顶破茧之钝端部分，爬出茧外，静伏片刻，随之寻偶交配。雄性羽化一般历时 10.0 ~ 20.0 min，以晴天上午 10：00 至下午 6：00 最多，夜间较少羽化，雨后晴天羽化数量显著升高。雌蛾羽化后，不能爬动，仍在茧内的蛹壳里，头上保留蛹的头壳。雌雄性比为 1：4 ~ 4：1 不等，食料丰富，雌性比例大，中等质量草场，雌性略大于1。第二，活动与交配：雌雄蛾羽化后，不需要补充营养就能交配产卵。雌蛾不能爬行和飞翔，羽化后生殖孔不断伸缩，以尾端将茧的钝端顶破，同时散出一种性引诱物，引诱雄蛾由此钻入交尾。雄蛾爬动迅速，飞翔力较强，高度一般不超过 70.0 cm。飞行动作不同于一般蛾类，而像蝶类做跳跃或上下飞行。晴天的中午前后活动最盛，夜间或阴雨天静伏在草丛中。雄蛾的活动以达到交配为目的。飞翔中的雄蛾发觉草丛中尚有未交配的雌蛾时，停止飞翔急速爬入草丛，钻进雌蛾茧内进行交配。交配后，雄虫约有半数死在雌茧内。外出者一般活动迟钝，飞翔减缓。雌雄蛾一般只交配一次，个别的可交配两次，交配历时短者 3.0 ~ 4.0 min，长者达 6.0 h 以上。交配活动在下午 1：00 ~ 7：00。一旦交配完毕，雌虫生殖孔不再散发性引诱物，雄虫不再来访。雌雄均无趋光性。雄蛾有假死性，一遇惊恐，便假死不动，在自然情况下，雄虫寿命 2 ~ 7 d，雌虫寿命 21 ~ 26 d。第三，产卵：雌蛾交配后，一般经 3 ~ 24 h 开始产卵。产卵时雌虫不改变其仰卧姿势，产卵于腹部四周，蛾体随产卵逐渐干瘪缩小，最后整个茧几乎全被卵所充满，雌虫仅占很小的位置。产卵历时与温度有关。温度高历时期长，在平均温度 11.7℃ 和相对湿度 62.0% 的条件下，产卵历期 5 ~ 34 d，一般为 20 ~ 25 d。雌蛾产卵量视条件不同而异。幼虫期食料丰富，或早出者，幼虫生长发育肥大，蛹重，则产卵量高；反之，产卵量低。每雌产卵少者 30 ~ 40 粒，多者 300 粒以上，一般为 120 粒左右。未经交配的雌虫所产的卵不能孵化为幼虫。潮湿、食料缺乏地区产的卵，容易发生雌虫；干燥、食料缺乏地区产的卵，容易发生雄虫

4. 卵期。此期是胚胎发育阶段。卵期长短受气温影响，在适宜湿度范围内，温度高卵期短，温度低卵期长。8月初至9月上旬，平均气温 7.7 ℃，相对湿度 78.0%，卵期为 30 d；8月中旬到10月上旬，湿度相同，平均气温 5.0 ℃时，卵期为 40 d。胚胎在卵内完成发育后，卵的颜色灰暗，侧面出现一个黑点，一旦温度、湿度适宜，幼虫咬破黑点处的卵壳而出。上午 10：00 至下午 4：00 孵化较多。一般 1 头雌虫前期产的卵孵化率在 96.0% 以上，后期产的低于 80.0%，平均孵化率高于 85.0%。初孵化的幼虫十分纤弱，在茧内活动并取食卵壳，经 20 d 左右从茧内爬出。初出茧的幼虫，群聚在茧下的草丛中，晴天中午前后在茧下迟缓活动，经过 1 周左右的聚集后，逐渐四周扩散，各自寻找越冬场所

</td></tr>
</table>

（续附表4.1）

<table>
<tr><td colspan="2" align="center">草原毛虫
Gynaephora</td></tr>
<tr>
<td>生物学特性</td>
<td>5. 发生与环境的关系。青藏高原昼夜温差大，无霜期短，气候变化异常，冬季寒冷，草原毛虫适应这样严酷的条件，一年仅发生1代，而且一龄幼虫有滞育特性，必需越冬阶段的冷冻刺激到下年4~5月才开始生长发育。第一，温度影响卵期的长短：卵期温度高，有利于卵的孵化。温度也影响幼虫出土早晚和牧草返青的迟早：4~5月温度高，幼虫出土早，温度低则出土晚。羽化期温度低于15.0℃时，雄蛾不能起飞，雌蛾不能适时交配，产的卵不能孵化，影响第二代发生数量。第二，降雨量：毛虫发生地区年降雨量约为400.0mm，植被生长较好，为其生长发育提供了有利条件。毛虫喜湿，充沛的降雨，有利于发生。4~5月降雨多，幼虫出土整齐，牧草返青早，有利于毛虫生长发育，其数量也多。如青海泽库地区，1969年4月21日至5月10日降雨量40.0mm，当年毛虫大发生，而1969年和1970年同期降雨量分别为23.5mm和25.8mm，毛虫数量大大降低，每平方米仅有幼虫54~90头。毛虫化蛹、羽化、产卵及卵的胚胎发育均需要一定的温度和湿度。7~8月气温较高，为次年大发生提供了条件。1969年7~8月降雨量少，1970年虫口密度低。但雨量过多，连续阴雨，雄蛾不能飞翔寻找雌虫交配；湿度过大，也容易使卵发霉腐烂，均不利于其发生。如青海河南县，1971年毛虫密度达100头/m²以上，当年8月中旬至9月初，连绵阴雨，致使1972年虫口密度低，仅为1~2头/m²。第三，天敌的多少是毛虫数量变动的一个重要因素。寄生于幼虫或蛹体内的天敌有：寄生蝇、黑瘤姬蜂、格姬蜂、金小蜂。取食幼虫的鸟类有：角百灵、长嘴百灵、小云雀、地鸦、棕颈雪雀、白腰雪雀、树麻雀、大杜鹃、红嘴乌鸦等。尚有一种红蜘蛛捕食初龄幼虫。寄生蝇是主要天敌，寄生率最高可达44.6%，被寄生的幼虫一般不能化蛹，或化蛹后也不能羽化，个别即使羽化也不能产卵。两种姬蜂对毛虫寄生率低，作用没有寄生蝇显著。金小蜂寄生于蛹体内，寄生率最高达20.0%。鸟类中以角百灵的作用最显著，一是其数量多，二是在6月至7月中旬恰是角百灵哺育雏鸟及幼鸟群飞觅食时期，往往可见上百头左右鸟群捕食幼虫。据饲养观察，一头幼鸟每天可吃一百多头幼虫，对毛虫有一定的抑制作用</td>
</tr>
</table>

附表4.2 五种草原毛虫雄成虫鉴别特征

特征	种名				
	草原毛虫	青海草原毛虫	金黄草原毛虫	若尔盖草原毛虫	小草原毛虫
体长/mm	7~9	7~9	6~7	7	5
翅展/mm	25	25	22	27	17
前翅	—	黑褐色，外横线粗大，黄白色，末端在后缘1/2~2/3处；前翅中、缘毛黄白色	黑色，外横线粗大，金黄色，末端接近臀角；前翅中室端斑2个，缘毛金黄色	灰鼠色，外横线狭、较直，末端到达后缘2/3处，中室端斑小	银灰色，外横线狭，强度弯曲，末端到达后缘中央，中室端斑小
雄性生殖器	抱器长方形，长为高的1.5倍，顶端突出，中部向上弯曲	抱器长方形，长与高约相等，顶端钝形突出；阳茎呈牛轭形弯曲	抱器梯形，长不及高，阳茎弯曲	抱器梯形，长高约相等，阳茎直	抱器方圆形，长高约相等，顶端不突出，阳茎略弯曲

附表 4.3 草原毛虫防治方法

时间	虫态	防治方法	要点说明
5~8 月	若虫	种群密度超过防治指标时，应采用敌百虫、双硫磷、辛硫磷、优效磷、杀虫脒、蛇床子素乳油、类产碱、虫菊·苦参碱、瑞·苏微乳剂（主要成分是瑞香狼毒素和苏云金杆菌）、甲氨基阿维菌素苯甲酸盐·苏云金杆菌、噻虫啉微囊悬浮剂、多杀霉素等植物源农药或生物农药进行防治；严重时，可施用高效氯氰菊酯等化学药剂进行应急防治，也可采用飞机或大型机械喷洒。在草原毛虫常年发生时，可采取牧鸡、牧鸭及周氏啮小蜂等方式进行防治	药剂施用最佳时间在若虫三龄期，一般在 6 月中旬至 7 月上旬。牧鸡、牧鸭与施药时间上隔开，防止中毒
8~9 月	成虫	滋生地改造，减少草原毛虫的食物源、最适生存地及产卵地，减少成虫产卵量，降低种群数量	

注：草原毛虫防治历以四川地区为例。

参考文献

【1】 全国畜牧总站 . 中国草原生物灾害［M］. 北京：中国农业出版社，2018.

【2】 赵磊，严东海，张绪校，等 . 四川省草原鼠害现状与防控技术进展［J］. 草业与畜牧，2015（04）：3 - 7.

【3】 严东海，周俗 . 四川草原鼠害防治情况分析［J］. 四川畜牧兽医，2014，41（09）：13 - 14.

【4】 陈永林 . 中国主要蝗虫及蝗灾的生态学治理［M］. 北京：科学出版社，2007.

【5】 全国畜牧总站 . 中国草原蝗虫生物防治实践与应用［M］. 北京：中国农业出版社，2014.

【6】 洪军，负旭疆，杜桂林 . 我国草原虫害生物防治技术应用现状［J］. 草原与草坪，2014（3）：90 - 96.

【7】 涂雄兵，杜桂林，李春杰，等 . 草地有害生物生物防治研究进展［J］. 中国生物防治学报，2015，31（5）：780 - 788.

【8】 全国畜牧总站 . 中国草原鼠害综合防控技术应用与实践［M］. 北京：中国农业出版社，2018.

【9】 吴虎山 . 中国呼伦贝尔草原有害生物防治［M］. 北京：中国农业出版社，2005.

【10】 周俗 . 四川草原有害生物与防治［M］. 成都：四川科学技术出版社，2017.

【11】 常明 . 草原鼠虫害预测预报及防控技术［M］. 兰州：甘肃科学技术出版社，2015.

【12】 王茹琳，李庆，封传红，等 . 基于 MaxEnt 的西藏飞蝗在中国的适生区预测［J］. 生态学报，2017，37（24）：8556 - 8566.

【13】 黄冲，刘万才 . 近 10 年我国飞蝗发生特点分析与监控建议［J］. 中国植保导刊，2016，36（12）：49 - 54.

【14】 封传红，单绪南，郭聪，等 . 1961 - 2005 年西藏飞蝗潜在分布的变化［J］. 昆虫学

报，2011，54（06）：694 – 700.

【15】 王福美. 四川壤塘西藏飞蝗发生规律及防治 [J]. 四川畜牧兽医，2012，39
（06）：48 – 49.

【16】 全国农业技术推广服务中心. 中国蝗虫预测预报与综合防治 [M]. 北京：中国
农业出版社，2011.

【17】 王文峰. 西藏飞蝗两型形态学比较及其防治方法初步研究 [D]. 北京：中国农业
科学院，2013.

【18】 陈永林. 蝗虫灾害的特点、成因和生态学治理 [J]. 生物学通报，2000（07）：1 – 5.

【19】 才仁旦周. 草原毛虫的防治措施 [J]. 中国畜牧兽医文摘，2017，12：174.

【20】 魏瑞琪，邵怀勇，李林峰，等. 基于 MODIS 的川西北江河源区草地退化状况时空
分析 [J]. 物探化探计算技术，2018，40（2）：262 – 268.

【21】 姚静，薛超玉，焦峰. 基于 Landsat 8 OLI 遥感影像的延河流域土壤水分反演研究
[J]. 草地学报，2018，26（5）：1109 – 1117.

【22】 杨栋，李彦甫，李洪伟，等. 高分辨率谷歌地球遥感数据与 Landsat 8 OLI 影像的
融合方法研究 [J]. 安徽农业科学，2014，42（31）：11191 – 11192.

【23】 周磊. 高光谱遥感在草原监测中的应用 [J]. 草业科学，2009，26（4）：20 – 27.

【24】 魏秀红，靳瑰丽，范燕敏，等. 基于高光谱遥感的退化伊犁绢蒿荒漠草地群落盖
度估算 [J]. 中国草地学报，2017，39（6）：33 – 39，46.

【25】 张正健，李爱农，边金虎，等. 基于无人机影像可见光植被指数的若尔盖草地地
上生物量估算研究 [J]. 遥感技术与应用，2016，31（1）：51 – 62.

【26】 陈梦蝶，黄晓东，侯秀敏，等. 青海省草原鼠害区域草地生物量及盖度动态监测
研究 [J]. 草业学报，2013，22（4）：247 – 256.

【27】 安如，陆彩红，王慧麟，等. 三江源典型区草地退化 Hyperion 高光谱遥感识别研
究 [J]. 武汉大学学报，2018，43（3）：399 – 405.

【28】 朝鲁门. 无人机技术在草原生态遥感监测方面的探索 [J]. 南方农业，2018，
12（23）:159.

【29】 李风贤. 无人机技术在草原生态遥感监测中的应用与探讨 [J]. 测绘通报，2017
（07）：99 – 102.

【30】 孙世泽，汪传建，尹小君，等. 无人机多光谱影像的天然草地生物量估算 [J]. 遥
感学报，2018（05），0848.

【31】 张集民. 高光谱遥感在草原监测中的应用 [J]. 畜牧兽医科学，2017（09），87.

【32】 梁海红，王树茂，加杨东知，等. 甘南黑土滩（鼠荒地）草场的等级划分及治理

模式调查研究［J］. 畜牧兽医杂志，2018，（37）1：49－52.

【33】孙飞达，苟文龙，朱灿，等. 青藏高原鼠荒地危害程度分级及适应性管理研究［J］. 草地学报，2018，26（1）：152－159.

【34】董全民，马玉寿，许长军，等. 三江源区黑土滩退化草地分类分级体系及分类恢复研究［J］. 草地学报，2015，23（3）：441－447.

【35】李国庆，刘长成，刘玉国，等. 物种分布模型理论研究进展［J］. 生态学报，2013，33（16）：4827－4835.

【36】许仲林，彭焕华，彭守璋. 物种分布模型的发展及评价方法［J］. 生态学报，2015，35（02）：557－567.

【37】吴艺楠，马育军，刘文玲. 基于 BIOMOD 的青海湖流域高原鼠兔分布模拟［J］. 动物学杂志，2017，52（3）：390－402.

【38】郭全宝，汪诚信，等. 中国鼠类及其防治［M］. 北京：农业出版社，1984.

【39】周俗. 草原无鼠害区建设技术设计［J］. 草业科学，2006（05）：84－85.

【40】唐川江，周俗，张新跃，等. 草原无鼠害示范区建设持续控制技术效果观测报告［J］. 草业与畜牧，2006（10）：41.

【41】赵月华. D 型肉毒梭菌毒素水剂灭鼠效果研究［J］. 现代农业科技，2011（01）：32.

【42】刘勇，张正荣，何正军，等. 凉山州草原无鼠害示范区鼠害动态监测［J］. 草业与畜牧，2007.（07）：44－46.

【43】吉牛拉惹，刘勇，张正荣. 凉山州草原无鼠害示范区鼠类天敌保护与利用［J］. 草业与畜牧，2007.（07）：40－41.

【44】杨乐，曹伊凡，景增春，等. 生物防治与灭鼠剂不同组合对藏北地区鼠害的控制［J］. 草业科学，2011，28（4）：656－660.

【45】吉震宇. 青藏高原草原鼠害生物治理的对策［J］. 养殖与饲料，2008（07）：81－82.

【46】周俗，杨廷勇，唐川江，等. 招鹰控鼠技术的应用［J］. 中国生物防治，2006（03）：253－255.

【47】刘荣堂，武晓东. 草地啮齿动物学［M］.∥刘荣堂，武晓东. 草地保护学（第一分册）［M］. 北京：中国农业出版社，2011.

【48】张绪校，杨廷勇，郭时友，等. D 型肉毒毒素灭高原鼠兔试验［J］. 草业科学，2007（02）：56－58.

【49】刘来利，李文盛，王超英，等. C 型肉毒梭菌毒素灭鼠剂试验与灭鼠效果的研究

［J］.草业科学，1999（02）：3-5.

【50】 杨生妹，魏万红，殷宝法，等.高寒草甸生态系统中高原鼠兔和高原鼢鼠的捕食
风险及生存对策［J］.生态学报，2007（12）：4972-4978.

【51】 魏万红，曹伊凡，张堰铭，等.捕食风险对高原鼠兔行为的影响［J］.动物学报，
2004（03）：319-325.

【52】 冯今，陈天亮.草原鼠害防控技术介绍［J］.甘肃畜牧兽医，2016，46（21）：7-8.

【53】 唐俊伟，于红妍，张明.新贝奥生物灭鼠剂控制高原鼠兔试验［J］.黑龙江畜牧
兽医，2016（03）：158-160.

【54】 李波，桑珠，许军基，等.2种不育剂和1种抗凝血剂对藏北草原高原鼠兔的控制
效果［J］.植物保护，2015（06）：230-234.

【55】 熊慧君，王云浩，刘英，等.生物灭鼠剂世双鼠靶防治高原鼠兔实验初报［J］.四
川林业科技，2016，37（5）：48-50.

【56】 崔生发.新型生物灭鼠农药——D型肉毒梭菌毒素［J］.农药科学与管
理，2001（01）：42.

【57】 武勇.宁夏驯化狐狸防治草原鼠害［J］.草业科学，2005（11）：20.

【58】 谢智.新疆驯化狐狸治理草原鼠害［J］.草业科学，2006（10）：55.

【59】 徐光青.银黑狐野外驯化控制草原鼠害的方法［J］.新疆畜牧业，2007（增刊）：
35-36.

【60】 戴万安，杨汉元，李晓忠.几种农药对麦作病害防治试验研究［J］.云南农业大
学学报，1995（02）：114-115.

【61】 中央农业电视广播学校.农药安全使用技术［M］.北京：中国农业大学出版
社，2009.

【62】 周汝德.微生物杀虫剂的杀虫原理及其应用［J］.云南农业科技，2002（05）：41-42.

【63】 李昌平，刘世贵，杨志荣，等.草原毛虫微生物杀虫剂应用技术简介［J］.草业科
学，1990（01）：34-36.

【64】 刘世贵，朱文，杨志荣，等.一株蝗虫病原菌的分离和鉴定［J］.微生物学报，
1995（02）：13-17.

【65】 杨志荣，朱文，葛绍荣，等.类产碱假单胞菌防治草地蝗虫的研究［J］.中国生
物防治，1996（02）：9-11.

【66】 赵建，罗霞，陈东辉，等.类产碱假单胞菌杀虫蛋白对蝗虫能量代谢的影响［J］.
微生物学报，2004（03）：97-100.

【67】 杨光富，魏云林．假单胞菌研究现状及应用前景［J］．生物技术通，2011，1（43）:45，55.

【68】 农业部畜牧业司，全国畜牧总站．草原植保实用技术手册［M］．北京：中国农业出版社，2010.

【69】 孙涛，龙瑞军．我国草原蝗虫生物防治技术及研究进展［J］．中国草地学报，2008，030（003）：88－93.

【70】 刘宗祥．绿僵菌防治草原蝗虫技术推广中存在的问题及对策［J］．草业科学，2003（05）：27－29.

【71】 洪军．中国草原蝗虫生物防治实践与应用［M］．北京：中国农业出版社，2014.

【72】 周俗，唐川江，张绪校，等．采用飞机施药对青藏高原西藏飞蝗的防效研究［J］．草业科学，2008，25（04）：79－81.

【73】 中央农业电视广播学校．农药安全使用技术［M］．北京：中国农业大学出版社，2009.

【74】 李建辉．高海拔草原牧鸡牧鸭治蝗试验［J］．新疆农垦科技，2010（02）：56.

【75】 刘军．高寒草原牧鸡治蝗技术［J］．新疆农垦科技，2007（05）：42－43.

【76】 黄子杰．浅谈草地牧鸡灭蝗技术研究与应用［J］．兽医导刊，2017（10）：8.

【77】 刘思博，殷国梅，高博，等．内蒙古草原虫害防治对策及效益研究［J］．畜牧与饲料科学，2017，38（12）：55－65.

【78】 洪军，杜桂林，负旭疆，等．近十年来我国草原虫害生物防控综合配套技术的研究与推广进展［J］．草业学报，2014，23（5）：303－311.

【79】 杨廷勇．高寒牧区草原虫害综合防控技术推广应用［C］.四川省畜牧兽医学会学术年会，2014.

【80】 吴虎山．中国呼伦贝尔草原有害生物防治［M］.北京：中国农业出版社，2005.

【81】 常明．草原鼠虫害预测预报及防控技术［M］.兰州：甘肃科学技术出版社，2015.

【82】 孙飞达，龙瑞军，郭正刚．鼠类活动对高寒草甸植物群落及土壤环境的影响［J］.草业科学，2011（28）1：146－151.

【83】 李新一，董永平．草原生态实用技术（2017）［M］.北京：中国农业出版社，2018，05.

【84】 余鸣，杨爱莲，熊玲，等．草原鼠害防治100问［M］.北京：科学普及出版社，2005.

【85】 周俗．草粉毒饵灭治高原鼠兔实验［J］.四川畜牧兽医，1992，03（1）：23－24.

【86】苟文龙，张新跃，周俗. 草原鼠荒地调查技术［J］.四川草原，2004（02）.

【87】周俗，谢红旗，阮芳泽. 肉毒素防治草原鼠害试验与示范［J］.草业科学，2006，23（6）：89-90.

【88】周俗，杨廷勇，唐川江，等. 招鹰控鼠技术的应用［J］.中国生物防治，2006，22（3）：253.

【89】周俗，张绪校，李开章，等. 四川省草原鼠荒地生态调控治理研究［J］.草业与畜牧，2014，213（2）：35-37.

【90】刘丽，周俗，洛绒翁咋扎，等. 石渠县草原鼠害及防控策略［J］.草学，2017，234（04）：80-82.

【91】刘丽，周俗，刘芳，等. 不同灭鼠饵剂对高原鼠兔种群密度的影响［J］.草原与草坪，2018，38（04）：94-98.

【92】张绪校，周俗，李洪泉，等. 四川省草原杀鼠剂引进试验技术［J］.草学，2019，247（04）：82-84.

【93】蓟有莲. 高原鼢鼠的生物学特性及防治措施［J］.绿色科技，2017，16：117-118.

【94】孙飞达，苟文龙，朱灿，等. 川西北高原鼠荒地危害程度分级及适应性管理对策［J］.草地学报，2018，26（01）：152-159.

【95】王兰英，尚小生，梁海红，等. 高原鼢鼠和高原鼠兔的分布及其防治技术［J］.甘肃农业，2011，302（09）：88-89.

【96】杨廷勇，周俗，阮芳泽，等. 鼢鼠灵防治高原鼢鼠的试验研究［J］.四川草原，2005（11）：35-36.

【97】李庆，封传红，张敏，等. 西藏飞蝗的生物学特性［J］.昆虫知识，2007，44（2）：210-213.

【98】李云瑞. 农业昆虫学［M］.北京：高等教育出版社，2006.

【99】杨定，张泽华，张晓. 中国草原害虫名录［M］.北京：中国农业科学技术出版社，2013.

【100】苏田红，白松，姚勇. 近几年西藏飞蝗的发生与分布［J］.草业科学，2007，24（1）：78-80.

【101】刘振魁，严林，梅洁人，等. 青海草原毛虫种类的调查研究［J］.青海畜牧兽医学报，1994（01）：26-28.

【102】王朝华，唐俊伟. 类产碱防治草原毛虫药效试验报告［J］.养殖与饲料，2008（06）：77-78.

【103】严林，刘振魁，梅洁人，等. 草原毛虫蛹期寄生天敌种类初步观察［J］.青海畜

牧兽医 . 1994（06）.

【104】热杰，孙长宏，贺宝珍 . 不同剂量类产碱生防剂防治草原毛虫试验 ［J］. 黑龙江畜牧兽医，2010（10）.

【105】尼玛，河生德，李长云 . 草原毛虫引起牦牛口膜炎的防治效果观察 ［J］. 草业与畜牧 . 2011（04）.

【106】于红妍 . 2% 甲氨基阿维菌素苯甲酸盐·0.4% 苏云金杆菌混合剂防治青藏高原草原毛虫药效试验 ［J］. 青海草业，2020，029（001）：14 – 16，26.

【107】侯秀敏，王有良，韩显忠，等 . 0.4% 蛇床子素乳油防治草原毛虫药效试验报告 ［J］. 青海草业，2016，25（003）：17 – 19.

【108】白重庆，于红妍，侯秀敏 . 0.5% 虫菊·苦参碱防治草原毛虫药效试验 ［J］. 青海草业，2019（4）.

【109】李林霞 . 1.2% 瑞·苏微乳剂对青海草原毛虫的防治效果 ［J］. 安徽农业科学，41（09）：3866 – 3867.

【110】于红妍 . 2% 噻虫啉微囊悬浮剂防治草原毛虫药效的研究 ［J］. 黑龙江畜牧兽医，2013，（09）：87 – 88.

【111】白重庆，李林霞，于红妍，等 . 5% 多杀霉素防治草原毛虫药效试验 ［J］. 青海草业，2017（2）.

【112】韩志庆 . 高效低毒农药防治草原蝗虫和毛虫的药效试验报告 ［J］. 当代畜牧，2018，412（08）：61 – 62.

【113】赵晓军，李玉林，王守顺 . 应用高效氯氰菊酯防控草原毛虫效果试验 ［J］. 畜牧兽医科学（电子版），2020，64（04）：19 – 20.